你在这里

VOYAGE VERS L'INFINI

无限之旅

CHRISTOPHE GALFARD
〔法〕克里斯托弗·加尔法德 著 刘晗 译

南海出版公司

新经典文化股份有限公司
www.readinglife.com
出　品

前言

眼睛会让我们产生错觉，以为自己可以看到周围的一切。夕阳西下，漆黑的大地，云朵，树木，山丘。

我们心里其实很清楚，这个世界上有些东西躲藏在我们的视线之外。我们一般认为这是因为能见度不够，光线不足。很少有人会觉得，光也可能是不可见的——这种光无处不在，它能穿过我们，刺透我们，充满整个现实世界，比起“可见”本身，光的意义更加丰富。

翻开这本书，回到第一批恒星、第一个星系、第一个黑洞诞生之时，你会看到人类从未探索过的地方，那些不久前才在望远镜的辅助下展露在我们面前的地方，而通过望远镜看到的光有时与肉眼看到的光并不相同。

探测不可见之物。

要想了解这些发现，就得先明白什么是光、什么是不可见之物，明白为什么要把詹姆斯·韦布望远镜这个人类有史以来最不可思议的工具之一送入太空，去观测我们看不见的东西。

目录

观不可见之物

如何发现那些不可见之物

19世纪初，光的本质仍是个谜，但认为不同颜色的光有不同疗效的想法却并不罕见。一些著名科学家甚至提出，把特定颜色的光混在一起，可以治疗各种疾病。

那个时代，药物致死率才刚刚开始低于疾病致死率。大约一个世纪前，牛顿揭示了如何预测行星的运动。人们满怀热情，大家都认为，人类即将利用名为“科学”的新工具揭开自然界最深处的奥秘。光，就是这场潜在革命的核心，所以，问题在于如何科学地理解光的特性和潜在能量。

对此，牛顿已经为我们铺平了道路。他说，从太阳到达地球的白光，其实是各种彩色光的混合物：白光透过棱镜后，会系统性地变成彩虹；反之亦然，各种颜色的光混合后，这道彩虹又会变回白光。

基于此，天文学家威廉·赫歇尔（William Herschel）开始研究各种色光对人体的疗效。赫歇尔并不是第一个做这件事的人。1781年3月13日，赫歇尔用自己发明的望远镜探测天空，发现了天王星。他花了很长时间去研究光，发现光能加热我们的皮肤。一般人都知道这一点。与我们大多数人不同的是，赫歇尔发现，不同颜色的光加热的效率不同。

赫歇尔延续了牛顿的实验，熟练地使用棱镜造出了彩虹，并用温度计测量了彩虹中每种颜色的温度。首先，紫光比他实验室黑暗之处的空气温暖，这与预期完全相符。但我们不一定能猜到的是，蓝光比紫光更热，而绿光和黄光比蓝光更热，依此类推，直到红光。当温度计从紫光逐渐移到红光时，会发现温度明显升高。

超越彩虹

我喜欢想象这样的场景：赫歇尔独自一人坐在黑暗的实验室里，一束光穿进来，他想着自己刚才究竟发现了什么。我看到他在黑暗中来回踱步，手放在下巴上，思绪万千。我想象他的目光不住地瞟向温度计，然后突然停下来，不敢相信自己的眼睛。在他思考的这段时间里，太阳已经移动了，彩虹也随之移动了，而温度计所在的区域已经越过了红光，处于黑暗之中。没有任何色光照亮温度计，但它的刻度表明，这里的温度比红光还高一度。赫歇尔难以置信地把手放在温度计所在的阴影之中，他也感觉到了。的确有某种不可见之物在加热他的手，就像晚上炉膛里的一根热木头在余烬熄灭很久之后仍在温暖我们的身体一样。

那是 1800 年。赫歇尔刚刚发现了这样一种光——我们的眼睛无法看到它，但我们的身体能感觉到。这种热射线可以被棱镜折射，温度高于彩虹之中的红光。今天，我们称之为红外线，我们还知道，就像眼睛能看到的光一样，红外线也有几种“颜色”，分别称为近红外线、中红外线和远红外线，取决于它们离彩虹的红端是近还是远。

一年后的 1801 年，一位名叫约翰 · 里特（Johan Ritter）的科学家开始对彩虹的另一端感兴趣。然而在紫色的光之外，温度没有任何变化的迹象。但氯化银会发生变化。氯化银是一种会对光起反应的物质，是相纸的基础材料。里特发现，即使没有可见光照在氯化银上，它也会对紫光之外的位置起反应。如果把手放在这个位置，肯定感觉不到温度比紫光更低或更高，但手的影子会出现在相纸上。手一拿开，影子也消失了。

从这个实验中，里特得出结论，在彩虹的紫色端之外还有一种不可见的光，一种可以产生影子的光。如今，我们称之为紫外线。

因此，截至 1801 年，人类已经知道了至少存在三种不同的辐射。一种是由彩虹的颜色组成的可见光；一种是比红光更热的红外线；一种是能让相纸变黑的紫外线。但当时，人们尚未发现这些射线之间的联系。

直到半个世纪后，一位可与艾萨克 · 牛顿和阿尔伯特 · 爱因斯坦比肩的科学家出现。他也是公认的有史以来最伟大的天才之一，他对这些光的发现，永远地改变了我们的生活。

他的名字是詹姆斯 · 克拉克 · 麦克斯韦（James Clerk Maxwell）。

约翰 · 里特

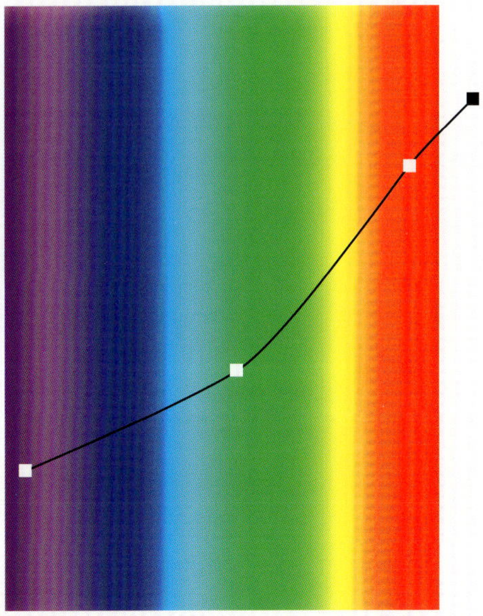

威廉 · 赫歇尔

理解什么是光

1831 年，詹姆斯 · 克拉克 · 麦克斯韦出生于苏格兰，48 年后在英格兰的剑桥去世。

统一

在他所处的时代，最热门的研究领域是针对两种不同的现象：电和磁。麦克斯韦之所以成为有史以来最伟大的科学家之一，是因为他发现这两个东西实际上是同一种力的两面，这种力在当时还是未知，如今我们称之为电磁力。

因此可以说，麦克斯韦是电磁学的创立者。他用数学方程式总结了电磁力的特性。如今，在苏格兰爱丁堡的麦克斯韦雕像下，就刻着这四个方程式：

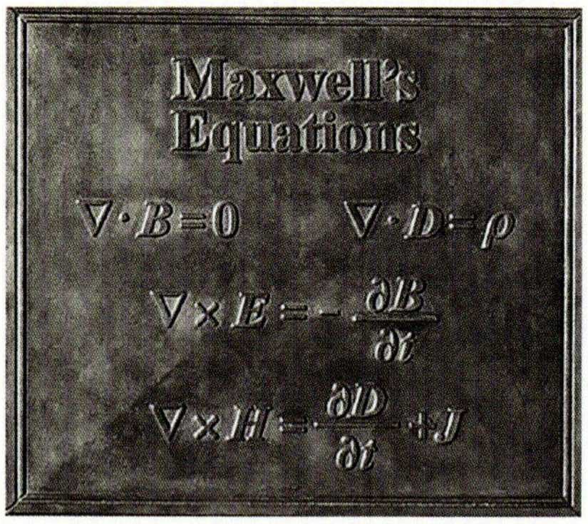

要是你觉得这几个方程式不大好理解，也非常正常，这没关系。这些方程看起来不长，但非常有用，它们将可见光、红外线和紫外线统一在一起，不仅如此，还预测了更多种不可见光的存在。虽然麦克斯韦最初的目标不是要发现这些不可见的东西，但他做到了。

他最初的目的只是想要预测未来。不用占星术，不用塔罗牌，而是用数学预测未来。

预测未来

牛顿利用万有引力做到了这一点：他用万有引力定律预测了卫星、行星、恒星的运动，从而确定在未来几天、几月、几年内，这些天体在天空中会处于什么样的位置。牛顿定律甚至还能在炮弹发射前预测弹道。牛顿定律具有普遍性，不仅适用于地球，还适用于整个太空，而且每次都应验。至今也仍然如此。这简直是种魔法，而麦克斯韦也想对电和磁做同样的事情。他想找到支配它们的定律，这就是他的四个方程式组合在一起达到的效果。

为了理解这些方程式如何改变我们的生活，我们来看看其中第三条的含义：这条方程式表示，磁场的变化会产生电场。这一发现是所有发电厂运行的基本原理：无论是核能、煤炭、风能还是水力，发电厂获得的能量都会被用来旋转磁铁，从而产生电流。接下来我们要做的就是拉一根电缆，将电流带到家中，让灯泡发光，让烤箱运作。这是一个伟大的发现。

波动的出现

通过摆弄这四个方程，麦克斯韦很快发现，他可以确定电场（E）如何从一个地方移动到另一个地方：只要满足这个方程即可：

$$(\nabla^2 - 1/v^2\ \partial^2/\partial t^2)E = 0$$

你可能觉得这个方程式看起来像天书，不过这不要紧。要紧的是，麦克斯韦发现了与之完全相同的磁场（B）方程式：

$$(\nabla^2 - 1/v^2\ \partial^2/\partial t^2)B = 0$$

而且，它与声音（S）在空气中传播的方式相同：

$$(\nabla^2 - 1/v^2\ \partial^2/\partial t^2)S = 0$$

与水波（W）在水面上移动的方式也相同：

$$(\nabla^2 - 1/v^2\ \partial^2/\partial t^2)W = 0$$

所有科学家都知道这种方程，也就是所谓的波动方程。几乎每个科学领域都有这个方程的影子，用法也几乎完全一样：它描述了波的传播。

光速

刚刚，利用方程式，麦克斯韦从数学上预测了电和磁实际上是一种特殊的双重波，叫作电磁波。

为了完整描述这种波，还要确定它的运动速度，也就是前面方程中出现的“v”。

不同类型的波，或是在不同介质中传播的波，速度也会有所不同。

例如，介质对声波的速度影响很大：声波在空气中的传播速度约为 1 000 千米 / 小时，在水中略高于 5 000 千米 / 小时，在铝中为 18 000 千米 / 小时。

对于海洋表面的波浪速度，有好几个因素在起作用，例如海水的深度和波浪本身的高度（越高的波浪速度越快）。波浪的速度通常在 10 千米 / 小时到 50 千米 / 小时之间。

至于电磁波的速度，麦克斯韦决定亲自测量一下，结果发现电磁波的速度等于光速。

在他看来，这不可能是巧合。

他刚刚发现了一个事实：那些我们的眼睛所能感知到的光，那些能让我们观察到周围的世界、观测到无尽深空的光，其实就是电磁波。

颜色到底是什么？

无论是声音的波、液体的波，还是电磁的波，都有两个关键参数：两个连续波峰之间的距离，即波长，以及这些波峰的高度，即振幅。

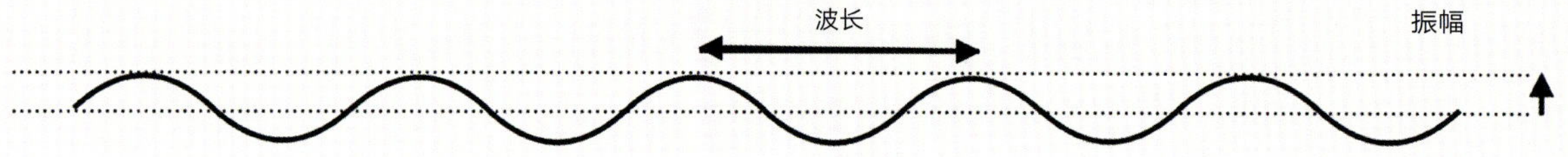

振幅表示波的强度。但我们感兴趣的主要是波长。因为波长与波携带的能量相关，而对于电磁波来说，能量体现为颜色。

在彩虹中，电磁波按能量顺序排列：紫光的波长比蓝光短，因此比蓝光携带的能量更高。而蓝光比绿光能量高，绿光比黄光能量高，依此类推，直到红光。

紫光的波长约为 380 纳米。红光的波长几乎是紫光的两倍，大约 700 纳米。

要想知道这到底是有多长，我们可以借用一下连字符：–。一个连字符大约有 1 毫米长。我们可以在脑海中把它等分成 100 万份。其中一份就是 1 纳米，非常小。

不管是 380 纳米还是 700 纳米，都非常小，不过我们的眼睛还是可以检测到它们。特定波长的光波闯入我们的视网膜后，就会有一个信号发送到我们的视神经，视神经将其传输到我们的大脑，大脑将其转化为一种颜色。这就是我们看到的彩色世界。这一套流程运行得很好，但这也引发了一个问题：如果彩虹的每个颜色都有自己特定的波长，那么在这些波长之外呢？如果我们把紫光的波长缩短一点，或者把红光的波长拉长一点，会发生什么？

麦克斯韦研究了这个问题，并在 1864 年预测，彩虹的两端之外一定还有其他类型的电磁波，只不过我们的肉眼感知不到。

他是对的。

麦克斯韦的工作证实了赫歇尔的不可见射线，即让温度计升温的红外线，确实是电磁波。

在离红端更远的地方，海因里希 · 赫兹（Heinrich Hertz）还发现了微波和无线电波，其波峰间的距离可以达到几千米，它们能够穿过墙壁，让爷爷奶奶在家也能收听到广播，让我们在高楼大厦中也能用到 Wi-Fi、4G 网络、5G 网络等等。

在彩虹的另一端，人们也很快发现了比紫光能量更高的波。首先是里特发现的紫外线，然后是 X 射线，1895 年威廉 · 伦琴（Wilhelm Röntgen）发现了它，并因此获得了 1901 年的首届诺贝尔物理学奖。

能量最高的是伽马射线，由法国物理学家保罗 · 维拉尔（Paul Villard）在 1900 年发现。

看花，看宇宙

我们的眼睛是专门捕捉彩虹颜色的电磁波传感器。人类的眼睛之外，其他生物的眼睛能看到彩虹之外的颜色。例如，一些鸟类和鱼类能看到紫外线，蝴蝶和蜜蜂也能。有些蛇能看到红外线。蚊子也能，它们能探测到温暖的身体发出的光，因此即使在我们看来完全黑暗的环境中，蚊子也能找到我们。

蚊子很厉害，但我们才是唯一发现除了自己眼睛能看到的光之外还存在其他光的物种。我们甚至捕捉了这些光，这使我们成为唯一能看到自己本来不可见之物的物种。

有赖于此，我们得以弄清楚为什么有些物体发光，而另一些物体却不会发光，并由此发现了颜色的起源。

比如说，在黑暗中，我们是看不到花的，因为花本身不会发出可见光。那为什么我们会说，这朵花是蓝色的，那朵花是黄色或红色的呢？这些颜色——我们身边的颜色，我们眼睛所感知到的颜色——究竟从何而来呢？

或许令人惊讶的是，正是这个问题的答案让我们更加确信，我们在宇宙遥远深处看到的物质与地球上存在的物质竟如此相似，我们的世界与宇宙其他部分没有什么天然的区别。整个宇宙似乎都是由相同的成分组成的。既然如此，我们要反问一句，为什么有人会觉得地球与宇宙其他地方有所不同呢？

答案似乎显而易见，但实际绝没有这么简单。翻阅古籍会发现，许多祖先的想法与现代人恰恰相反。他们认为，我们所处的地球犹如宇宙中的一个特殊的岛屿，一个专门为我们所建的岛屿，岛上适用的定律都是量身定制的，与宇宙中其他地方适用的定律必然不同。

牛顿利用自己发现的万有引力定律首次提出，事实并非如此。牛顿定律具有普适性，应该适用于所有地方，而不仅仅是地球。虽说有些令人难以置信，但事实就是如此。

但这是否意味着那些遵循牛顿万有引力的遥远物质，那些构成恒星和其他行星的物质，就和我们在地球上发现的物质一模一样呢？这倒不一定。要回答这个问题，仅仅知道引力或光是不够的，还要了解光与物质的联系。

宇宙中的颜色从何而来?

我们身边的所有物质都是由原子组成的。要了解颜色的起源，以及为什么不同物体有不同的颜色，我们就要知道原子是什么，还要知道它们如何与光相互作用。这两个问题都在 20 世纪初得到了解答。

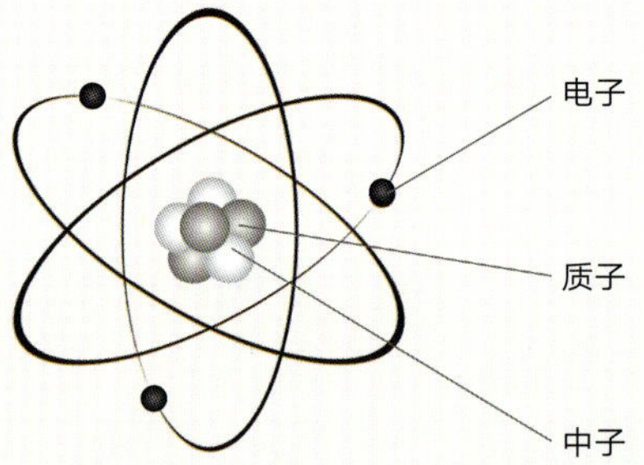

原子由原子核和围绕原子核旋转的电子组成。原子核由质子和中子组成，欧内斯特 · 卢瑟福（Ernest Rutherford）发现了质子，詹姆斯 · 查德威克（James Chadwick）发现了中子。电子是带有负电的微粒，由约瑟夫 · 汤姆孙（Joseph Thomson）发现。卢瑟福、查德威克和汤姆孙都获得了诺贝尔奖。

最小的原子，其原子核由单个质子组成，单个电子围绕质子旋转。这就是氢原子。真的再简单不过了。

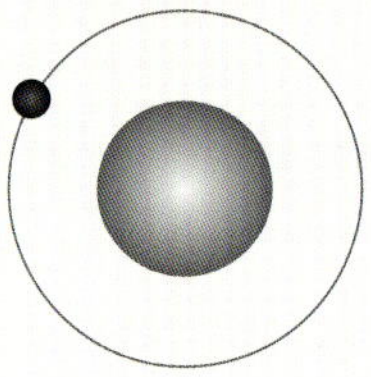

光和电子

然而，到了 20 世纪初，科学家发现，他们无法在实验中将氢原子的电子随意放置在他们想放的地方。电子与质子之间的距离的确可以调整，但只能阶段性地跳跃，不能连续移动。而且，要从一条轨道跃迁到另一条轨道，就要吸收恰到好处的能量。多一点或少一点，电子的位置都不会改变。

更令人琢磨不透的是，实验结果明确显示，氢原子中的电子受到光线照射后，会刚好吸收掉那些具有能让它改变位置所需能量的光线，而不会吸收其他光线。

吸收了光线的电子处于所谓的激发态。这种状态会持续一段时间，然后返回初始状态，此时会依次发射出和自己吸收的光线相同的光线。

通过这一发现，科学家终于了解了物质是如何与光相互作用的：原子核周围的电子会吸收或发射光——也就是电磁波，从而改变自己在原子核周围的位置。

在彩虹中色光的照射下，氢原子中的电子吸收了其中一条光线，并改变了运动轨迹。在原子后面，被氢原子吸收掉的那种色光便从彩虹中消失了。

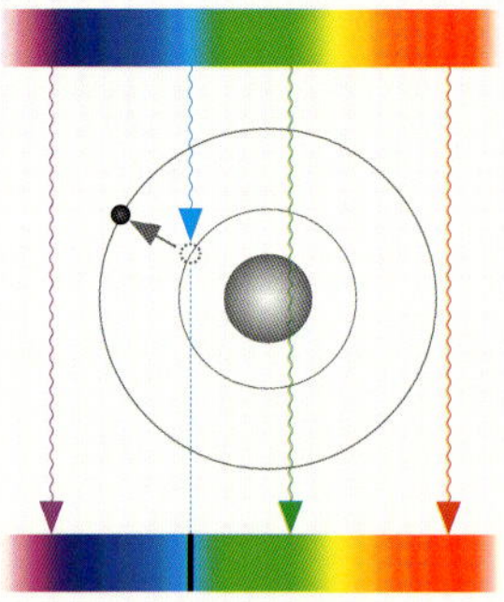

片刻之后，在黑暗之中，电子又辐射出相同的光，再次恢复到初始状态。

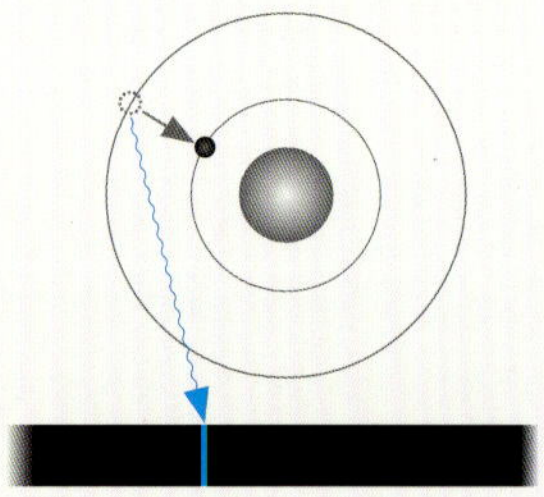

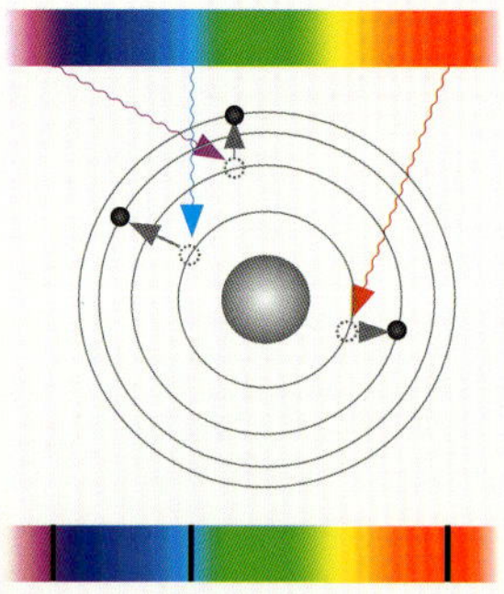

实际上，氢原子中的电子可以吸收许多不同种类的光，因为虽然它只有一个电子，但电子的轨迹却可以有很多种可能性，发生不同类型的跃迁。

以下是氢原子的电子所能吸收的所有可见光。当然，还能吸收其他不可见光，也就是可见光紫端和红端以外的射线。

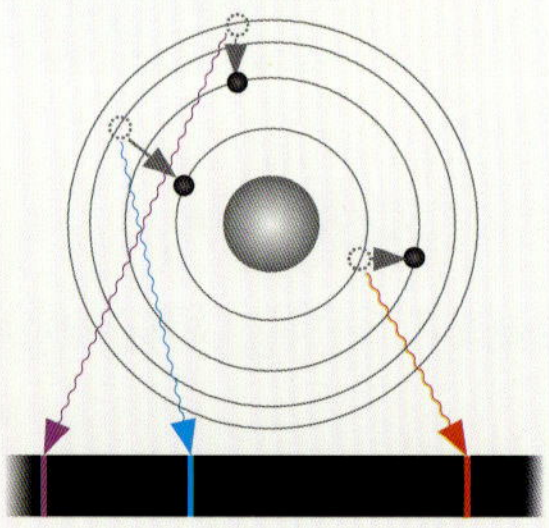

黑暗中，由数十亿个氢原子组成的气体会重新将自己吸收的所有种类的光线发射出去，对应所有可能的电子跃迁能量。

颜色的起源

宇宙中的所有电子都是完全相同的。唯一区别在于它们所在的原子或分子，因为它们究竟能跃迁到哪里、需要多少能量，都与自己所在的原子或分子相关。例如，铁原子的电子吸收或发射的光与氢、碳、氧原子或水分子不同。这就是为什么不同物质的颜色是不一样的。绿色的叶子、红色的液体、黄色的矿石，都不是同种元素构成的，因而各自的电子会吸收和发射不同颜色的光，呈现出各自不同的色彩。

神奇的是，麦克斯韦方程组与牛顿方程组一样，都具有普适性。它说明，不管在宇宙的哪个地方，相同的原子或分子都能吸收或发射完全相同的光线。得益于这一发现，我们如今只需观测遥远的恒星，就能确定它们的组成成分，而不需要亲临现场。

原子内的电子能吸收的所有波的集合，称之为原子的吸收光谱。同样，原子内的电子能发射的所有波的集合，称之为原子的发射光谱。近一个世纪以来，科学家一直在努力列出所有已知原子和分子的光谱，但由于数量实在太多，离彻底完成这份清单还有很长的路要走。

氢原子的吸收光谱和发射光谱相对简单，因为氢原子只有一个电子。一旦原子含有多个电子（比如铁原子有 26 个电子），或者一旦许多原子组成了分子，电子跃迁的问题就会变得更加复杂：电子可能实现的跃迁数会骤增，进而大大增加了可能吸收或发射的能量种数。不管是什么情况，光谱都像是指纹：每一种原子或每一种分子的独一无二的指纹。

在此补充一句，分子是通过共享电子结合在一起的一组原子。

不管在地球上，还是在太空中，物质通常都由许多不同的原子组成。因此，收集一种物质的光谱，其实是在收集组成它们的所有原子、分子中所有电子发出的光。科学家通过辨识这些光谱中已知原子或分子的特征，就能确定光谱来源的物质成分。

科学家也会通过这种方式在宇宙中寻找特定物质的光谱，从而去证实或者推翻一些理论。有一种名为甲基阳离子的特定分子结构尤为典型。这种分子是由三个氢原子连接到一个碳原子上构成的。自 20 世纪 70 年代以来，科学家一直在宇宙中寻找它的踪迹，他们认为，要想形成那些我们所知的生命必需的更复杂的分子，这种物质十分必要。当时，这种非常重要的物质一直无处可寻。直到 2023 年 6 月 26 日，才由詹姆斯 · 韦布望远镜在一片特殊的云层中探测到了它的光谱，我们将在本书太空旅行的终章与它相遇。

牛顿的棱镜打散了太阳的白光，开辟了一个远超乎他想象的丰富研究领域。

不过，如果能有一个更精密的棱镜，再加上一个能投射七彩光的屏幕，他可能早就发现了这条彩虹上少了一些颜色，而且少的总是相同的颜色。这样的话，牛顿或许就能意识到，正是这些缺失的颜色，帮助我们破译了恒星的组成。

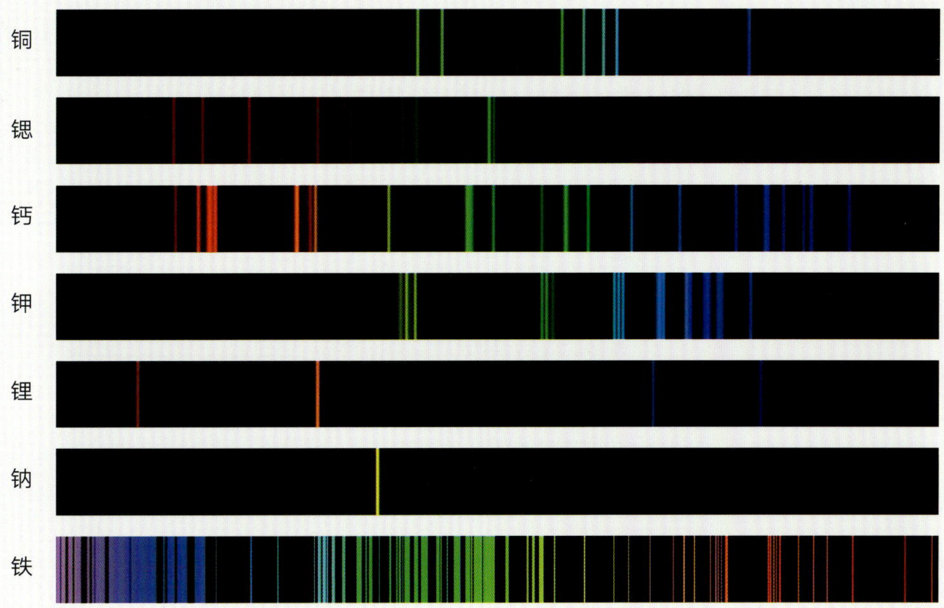

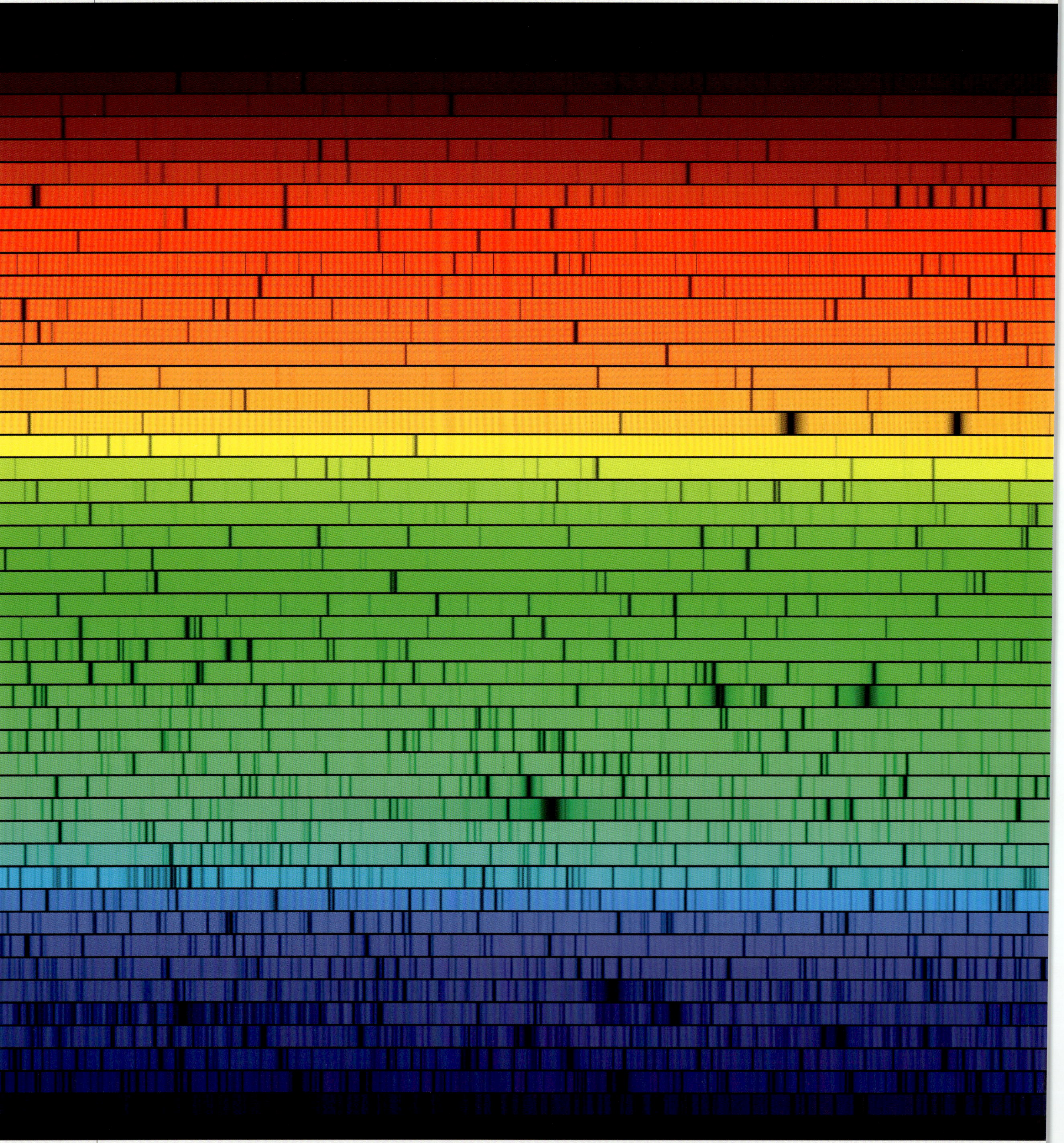

太阳缺失的颜色

我们在雨后天空中看到的彩虹其实永远都不可能是完整的。它总是会缺少一些颜色，这些颜色就是被太阳表面或大气层所含物质中的电子吸收的光线。我们的眼睛不够灵敏，无法发现这些缺失的光线，但探测器可以。这些缺失的光线在探测器上表现为彩虹上的黑线，余下的彩虹正是太阳吸收光谱的可见部分。

通过辨识已知原子或已知分子光谱中的可见部分，就可以确定太阳的组成。

比如说，太阳光谱中包括我们知道的氢原子光谱，也有铁、钠和钙原子的光谱，但还包括一些我们尚不确定的特征，这些是太阳中所含物质吸收的光，而这些物质是我们目前未知的。

不管是地球上的风景，还是宇宙中的卫星、行星，以及遥远的恒星，人类自诞生以来，用眼睛能观察到的一切，都是太阳光谱中从红光到紫光之间的色光，它们统称为可见光。

通过赫歇尔、里特和麦克斯韦的发现，我们知道了除可见光之外还有其他光，或者说电磁波，它们的能量是我们的眼睛感知不到的。这些光的能量与可见光不同。有些光，比如 X 射线之类，能够穿过我们的皮肤；还有一些，例如无线电波，可以穿过房屋的墙壁；而微波炉所用的微波，可以在几秒内把水烧开。但不管怎样，这些光或多或少都会以某种方式与物质发生相互作用。因此，理论上讲，如果能捕获到这些光，将它们包含的信息转化为可见光，我们就能用完全不同的视角看到地球、天空和宇宙。

只可惜，这些看不见的光大多从未抵达过地球表面，因为它们在经过大气层时会遭到阻挡，被粒子吸收。因此，为了探测到这些光，就必须进入太空，这也是为什么我们将许多望远镜发射到了地球周围的轨道上，甚至更远的地方。詹姆斯 · 韦布望远镜就是其中之一。

为什么要将望远镜送入太空？

物体或气体阻拦光线通过的能力叫作不透明度。右侧图表列出了电磁波的主要类别，以及地球大气层对每个类别的不透明度。不透明度 100% 表示完全透不过去。伽马射线、X 射线、大多数紫外线，还有一些波长很长的无线电波就是这种情况。

而对于某些微波和短波无线电波来说，天空是完全透明的（不透明度为 0%）。这就是为什么我们在地球表面建造了很多巨大的射电望远镜，例如中国的 500 米口径球面射电望远镜（FAST）。可见光的不透明度排在中游，这使我们能够看到周围的环境，也可以在地球上建造望远镜。不过，在高海拔地区，比如说山顶，建望远镜的效果会比较好，比如欧洲南方天文台在智利建造的甚大望远镜（VLT）。

但是不论如何，接收电磁波的最佳位置还得是外太空，因为只有那儿不会受到人造电磁波的干扰。

目前太空中有钱德拉望远镜（用于探测 X 射线波段）、哈勃望远镜（用于探测部分紫外波段、可见光波段和部分近红外波段）、韦布望远镜（用于探测近红外波段和中红外波段）、斯皮策望远镜（用于探测红外波段）和普朗克望远镜（用于探测微波）。当然，还有很多其他太空望远镜，但本书中给出的主要是来自以上这些望远镜的图像。

每种电磁波都有相应的能量范围，因此也对应了特定温度。只有最极端的天体才能发射出能量最高的波（伽马射线和 X 射线），而几乎所有物体都能发射能量最低的波（微波和无线电波）。

不同电磁波的一些已知来源

伽马射线源

活跃黑洞周围的区域。类星体。中子星。超新星爆炸。脉冲星。

X 射线源

活跃黑洞周围的区域。类星体。超新星爆炸遗迹。围绕黑洞或中子星运行的恒星。

紫外线源

恒星（尤其是大质量恒星）。活跃黑洞周围的区域。

可见光源

恒星。宇宙云。行星（通过反射恒星的光）。

红外线源

恒星（尤其是小恒星）。星际尘埃和行星际尘埃。

微波源

宇宙深处（参见第 166 页）。宇宙尘。分子云。黑洞周围的区域。

无线电波源

几乎一切天体。能量源越强，辐射强度越大。氢原子。超新星残骸。

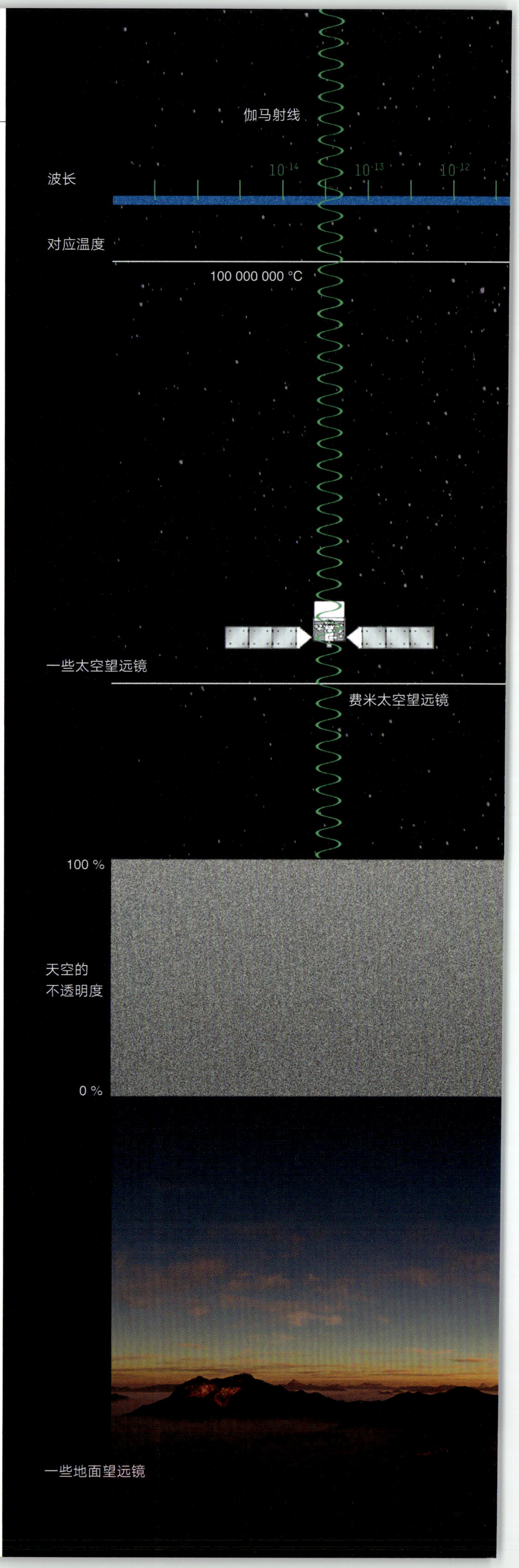

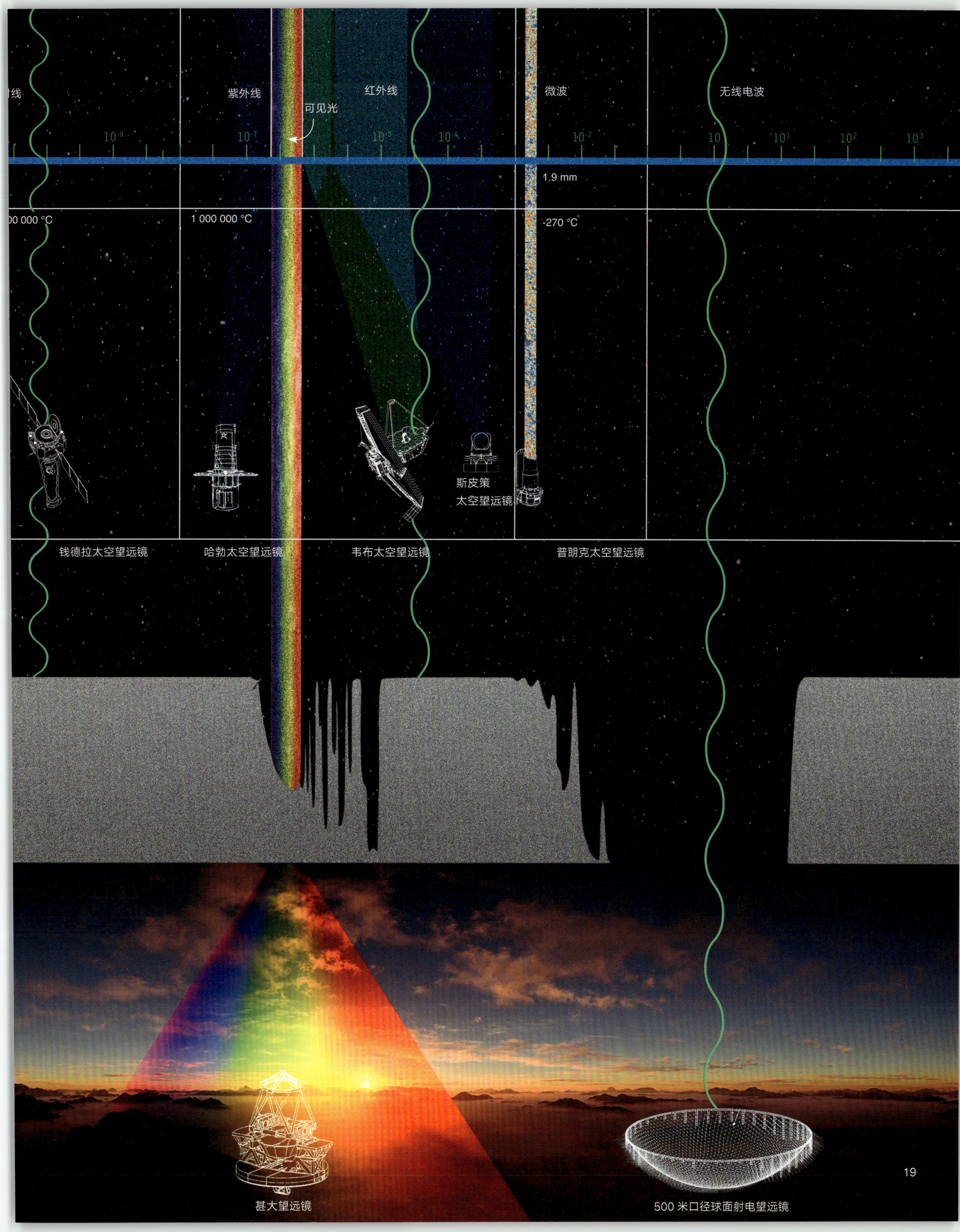
射线
紫外线
可见光
红外线
微波
无线电波
10⁻⁹
10⁻⁷
10⁻⁵
10⁻⁴
10⁻²
10
10¹
10²
10³
1.9 mm
00 000 °C
1 000 000 °C
-270 °C
斯皮策
太空望远镜
钱德拉太空望远镜
哈勃太空望远镜
韦布太空望远镜
普朗克太空望远镜
甚大望远镜
500 米口径球面射电望远镜

詹姆斯 · 韦布望远镜

詹姆斯 · 韦布太空望远镜探测不到可见光波段，它是在近红外和中红外两个波段观测宇宙的。它所见的不是我们眼中的彩虹，而是我们看不到的，独有它才能见到的属于自己的彩虹——从红光一端开始。

我们为何会选择让这台史上最大最强的红外探测望远镜进入太空呢？有四个原因。

首先，红外线可以穿过许多宇宙云，就像无线电波可以穿墙而过一样。韦布望远镜在捕获红外线之后，就可以收集到隐藏在尘埃或气体之下的物体发出的光，从而尽可能接近新生恒星、新生行星以及黑洞。

其二，恒星在年轻时会辐射出能量，使周围的云层在红外波段发光。通过捕获红外线，韦布可以直接看到这些云，并确定它们的成分。这在以前是不可能实现的。

第三个原因或许会更令人惊奇：宇宙中有许多图像来自遥远的过去，许久之前，它们或许是可见光，但如今不再可见，因为已经变成了红外线。虽然哈勃望远镜也能捕捉到一些这样的辐射，但它的灵敏度与韦布望远镜相去甚远，因此，韦布为我们揭示的是前所未见的东西。

最后一点好得令人难以置信：许多可能存在于遥远行星（系外行星）大气中的分子只能在红外波段探测到。捕捉到这样的辐射后，韦布帮助人类首次确定了遥远行星的天空的成分，甚至有可能识别出生命存在的间接特征。

就是这样啦。

有了它，你就可以出发去探索我们如今所知的宇宙了。

我们的
银河之邻

不可见之物不只存在于黑暗之中，它们无处不在。不管我们有没有睁开眼睛，也无论白天还是黑夜。所谓不可见，只是在可见光波段不可见而已，这给了我们一种它们仿佛不存在的错觉。

太阳西沉。

夜幕降临。

地球的阴影渐渐笼罩一切，放眼望去，天空逐渐变得透明。

你站在沙漠中。

广阔的夜空在你的头顶一点点展开。

看穿地球的阴影

你从一个沙丘走到另一个沙丘，沉醉于这天空、大地、空气与沙土，天地相接，脚下的沙砾仿佛与天边的星辰相遇。虽然没有明亮的月光，你仍然可以看得很清楚。干燥的风被地面烘热，拂过你的皮肤。你的嘴唇很干。你停下脚步，喝了一点水，在沙漠中，这种液体比黄金还要贵重。

喝完水，你低头把水瓶收起来，看到脚下的沙地，突然很想知道此刻世界的另一端是什么样的。

或许，在你脚下 13 000 千米之外的那一边，天空正蔚蓝如洗。又或许那边正云雾漫漫，下起雨来。此外，那边或许并没有坚实的地面。地球表面有四分之三都被水所覆盖，所以那里很可能是一片海洋。

唯一可以确定的是，脚底对面的世界正是白天。因为你所在的半球已经看不到太阳了，你处在地球的阴影之中，我们给这个阴影时段取了一个特殊的名字，叫作夜晚。

你抬起头来，看着这道阴影，看着这片黑夜，凝视着一道横跨天空的白线。你还记得，在旅途中看到过它。在乡村、海岸、山中，只要远离了城市的灯光，无论世界的哪个角落，都能看到这条弥漫着白光的线点缀着黑暗夜空。你也知道它的名字，银河。

半梦半醒间，你闭上眼睛，待了半晌，想在脑中把地球的形象清除，来到广阔的空间，我们的世界飘浮其中的空间。

如果我们能看到一切，如果太阳没有那么刺眼，如果地球透明无色，我们会看到什么？这些问题令人头晕目眩。你想象着银河穿过整个天空，环绕地球。你如此沉浸于自己的幻想，以至于当你再次睁开眼睛的时候，地球已经完全消失。此时，你身处太空，飘浮于虚无之中。

在你周围，星辰明亮，却不再闪动。

星星闪动，是因为天空中的空气在流动，使它们的光芒不断颤抖。但在这里，没有地球，没有大气层，一切仿佛冻结。你只身一人，周围环绕着漆黑的太空，以及遥远的星辰那寒冷而静止的光芒。

银河仍在，在你周围形成了一个环。

你高举双臂，仿佛在迎接浩瀚无垠的现实。

没有地球，没有月亮，没有太阳，这样的宇宙景观令人震撼不已。银河，壮阔无比。

从地球上看到的银河

这张横跨两页的图片是用欧洲空间卫星“盖亚”拍摄的几千张照片组成的全景图。这些都是真实的图像。这就是从地球上看银河的样子。

我们的祖先认为银河就是全部宇宙。我们现在知道，宇宙比银河系大得多，甚至大到难以想象。为了亲眼看看宇宙究竟有多大，你决定垂直向上走一走，从外面看看银河系是什么样子的。

太阳

俯瞰银河

就算乘坐人类有史以来最快的火箭，也需要飞出大约 1 000 万年才能看到这样的银河系。

围绕地球的圆环变成了一个圆盘，有着螺旋状的手臂和一颗发光的心脏——这是一场几千亿颗恒星的聚会，称作星系。太阳只是其中的一颗恒星，一个小小的点，假如你不知道它在哪里，可能要在这张地图上徒劳地搜索一辈子。更不用说它旁边的地球了，跟恒星相比，行星就更小了。图中太阳和地球的位置如箭头所指。另一方面，那个圆圈代表了我们的眼睛在夜间所能感知的极限。除了少数例外情况，我们的祖先用肉眼所能看到的整个宇宙都在那个圆圈里了。这也就很容易理解为什么他们不可能明白我们生活在一个星系里，更不用说银河系之外还有其他星系了。有很多很多其他星系，数以亿计。

在浩瀚无垠的宇宙中，银河系是我们身处的岛屿。现在，我们就从它的内部，从一颗相当普通的恒星周围出发，探索宇宙。

纵览全书，我们的发现之旅会分以下几个阶段。

首先，我们要离开银河系，穿越宇宙，到达所谓靠近太空边缘的位置，大约距我们 5 亿光年之远。

一路上，我们要用新的眼睛看太空，也就是那些有史以来最强大的望远镜，包括哈勃太空望远镜和韦布太空望远镜在内。

为了更进一步，尽量达到宇宙自身的边界，我们还要返回地球，充分利用人类如今拥有的所有工具。

然后你会发现，我们的宇宙有着自己的历史，我们要尝试利用过去几年，尤其是最近几个月获得的图像来破译它。你将看到第一批恒星和第一批星系的演化过程，会发现一些不可见的奇怪物质存在于我们四周。

最后，旅程的终点会回到银河系。置身银河系，环绕在几乎不真实的美景之中，你要了解的不仅是整个宇宙的历史，更是太阳的历史和属于我们自己的这颗地球的历史。

这些美妙的地方大多已经出现在左侧的图上了，但你现在还看不到它们。继续读下去，当你知道如何识别这些天体的时候，它们才会出现。

超越星空

从地球上看，所有肉眼可见的恒星都已经画在上一页的圆圈里了，但除此之外，我们不借助工具也能看到一些更遥远的天体。我们的祖先早在望远镜发明之前就发现了它们。

这张照片是从位于智利的欧洲南方天文台拍摄的，其中就有三个这样的天体。它们不属于银河系，分别叫作小麦哲伦云、大麦哲伦云和船底座矮星系。

麦哲伦云这个名字是为了纪念探险家费迪南德·麦哲伦（Ferdinand Magellan）。他和许多其他航海家一样，在未知的海洋上航行时，会用天体在夜间为自己导航。他和他的后来人都不知道，这些云和船底座矮星系一样，都是星系，而且都是矮星系。虽然这种星系也是由数以亿计的恒星组成，但它们大概是银河系之类的星系的百分之一。

犹豫了一会儿，你还是决定先去参观一下三者中最近的一个，大麦哲伦云。

卫星星系

这张照片是你刚离开地球向大麦哲伦云出发后，从地面拍摄的。现在的你，可能就在图中的某个地方，但你太小了，也太远了，图上无法看到。大麦哲伦云在左下角，小麦哲伦云在右上。船底座矮星系是小麦哲伦云右边的大亮点。

点缀在照片上的小白点是属于我们银河系的恒星。从你现在所处的位置穿过太空到大麦哲伦云的途中是看不到这些恒星的。此时你已经离开了银河系，不只人类从未做到这一点，连人造装置也从未做到过。

在你的位置看大小麦哲伦云和船底座矮星系，和这张照片里大概差不多，只是它们飘浮于一片黑暗之中。只有几个遥远的光源闪闪烁烁，只可惜你的眼睛几乎无法看见它们，它们似乎存在于更远的远方。

大麦哲伦云

大麦哲伦云距我们很近，相对容易从地球上观测到。几代天文学家都为绘制这片星云做出了贡献，这一点从右页的图中可见一斑。

大麦哲伦云中的大部分天体都有编号。编号前半部分是字母代号，比如NGC、N、SL之类，后面再跟一个数字。字母表示它们收录在哪个星表之下。天文星表有几百种，但在本书中，我们要了解的大部分天体都属于其中的三个：NGC，即星云星团新总表；M，即梅西耶星表；Arp，收录特殊天体。

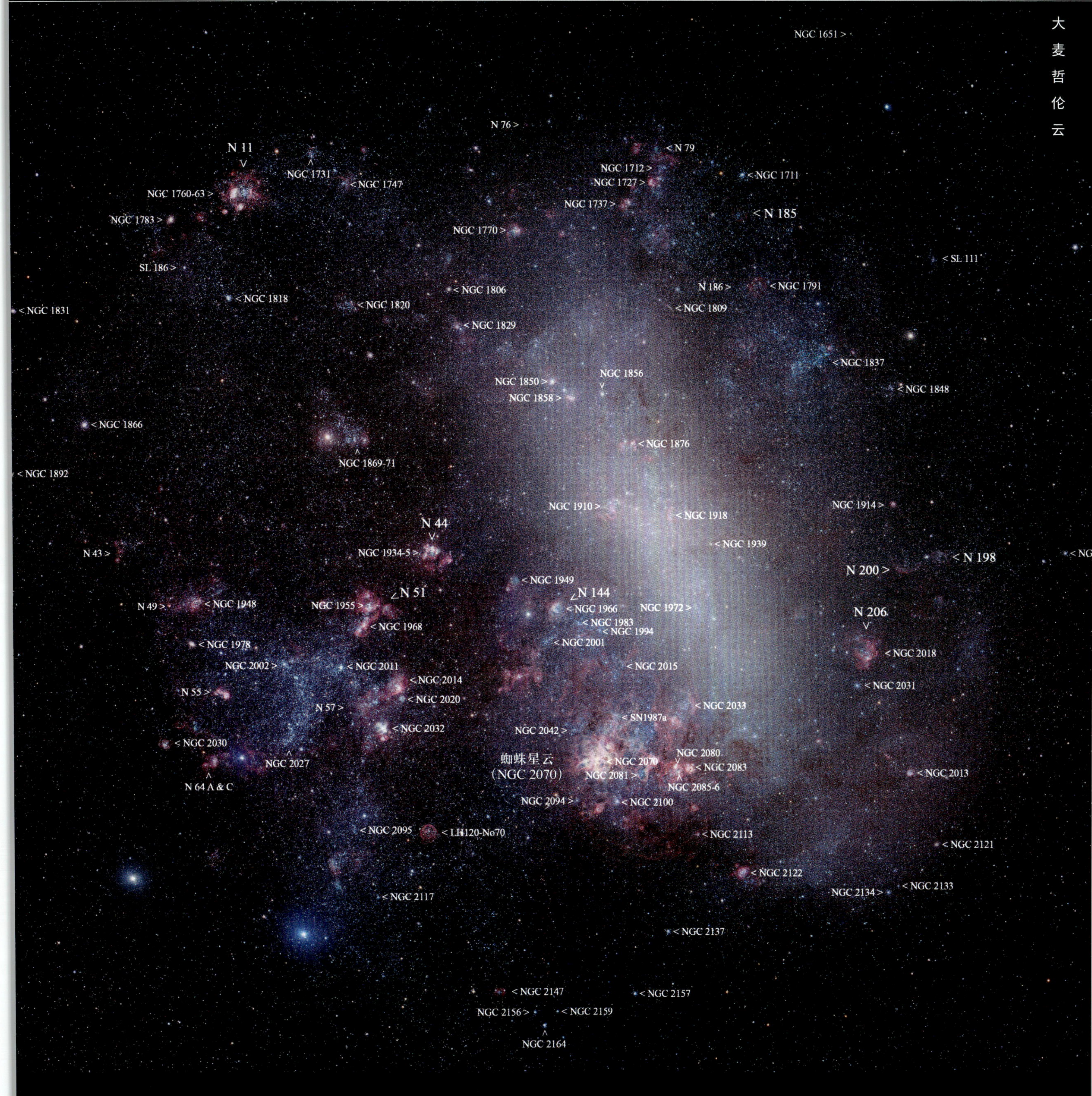

此时，你已经接近大麦哲伦云了，一些彩色的形状开始出现在你面前。你决定朝看起来最漂亮、最明亮的那个前行。它是玫瑰色的，在大麦哲伦云下方。这是蜘蛛星云，在NGC 星表中居第 2 070 位。NGC 星表一共包含 7 800 项，其中超过 5 000 项出自发现了天王星和红外线的天文学家威廉 · 赫歇尔和他儿子约翰 · 赫歇尔（John Herschel）。

靠近蜘蛛星云时，我们慢慢减速，最后停了下来。眼前的景象令你目瞪口呆。

蜘蛛星云

这张蜘蛛星云的图片是由哈勃望远镜拍摄的，叠加了数种光线：可见光、近红外线和紫外线。

图片左中部，有一片近乎白色又略带粉红的区域，其中闪耀着一些蓝色的恒星，仿佛散发着一种特殊的能量。我们慢慢靠近它，再改变一下视角，不用哈勃望远镜去观测，转而使用韦布望远镜。

下一页的图片发布于 2022 年 9 月 6 日，是韦布望远镜发布的首批图片之一。

蜘蛛星云（NGC 2070）

韦布望远镜的颜色

詹姆斯·韦布望远镜拍摄的图像从来不是真实的颜色，因为韦布望远镜只能探测到我们眼睛不可见的红外线。因此，它的每一张图像都是将宇宙中我们永远无法看到的一面转换成可见光。韦布望远镜并不是唯一一个能这样做的望远镜。所有观察宇宙的望远镜都在捕捉人眼无法探测的波。哈勃望远镜也不例外，它也会捕捉部分红外线和紫外线。

滤光片……

一般来说，即使在观测范围内，望远镜也无法捕捉所有可能通过的光，因为光的种类太多了。为了控制观测范围，望远镜配备了滤光片。滤光片让望远镜只能捕捉精确的某一小段波长。一般是根据已知原子或分子的光谱，或者特定能量或温度范围的光谱，来选择采用何种滤光片。哈勃望远镜和韦布望远镜都配备了近 40 个滤光片。韦布望远镜的滤光片中，有 29 个是近红外滤光片，10 个是中红外滤光片。

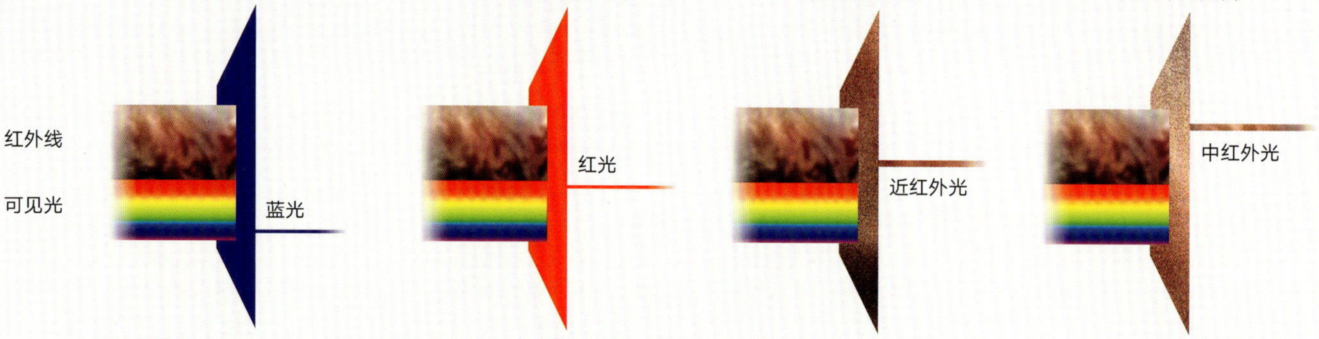

通过韦布望远镜和哈勃望远镜的红外滤光片检测到的所有图像，一开始都是黑白的，没有明显的自然颜色，因此，科学家根据图像代表的含义为它们选择了相应的自然颜色。一旦知道这些颜色对应的含义，就可以更深入地理解图像。

前一页韦布望远镜拍摄的蜘蛛星云（也就是下方的小图）是四张图像叠加在一起形成的，每张图像都是用不同的滤光片拍摄的，全部是近红外滤光片。之前人类从未以这种方式看过蜘蛛星云，所以此时你大概会好奇这些不同的颜色分别代表什么意思，以及我们能从中学到什么新东西。

图中，蓝色区域能量最高，发射出最炽热的东西，蓝色之下按能量递减依次是绿色、橙色，最后是红色，代表最冷的区域。仔细观察图片，会发现蓝色区域是一个个小点。图中有成千上万个这样的点。它们都是非常年轻的恒星。其中大部分隐藏在能透过红外线的云层后面，以前从未为人所见。

恒星向太空中辐射光和粒子，因此在孕育它们的云层内创造了一块空腔。这些恒星诞生时的呼吸相当剧烈，我们可以很容易看到其产生的影响。虽然这是一幅静态图像，但我们仍然能感受到这个空腔——也就是蓝色恒星附近没有尘埃的空洞部分——还在不断膨胀。

周围最冷的红色和橙色区域是由复杂元素组成的，通过光谱鉴定，我们确认其中含有碳氢化合物。碳氢化合物中含有只在恒星内部才能产生的碳。因此，这些红色和橙色区域必然含有很久以前爆炸过的恒星的残余物。

……看到恒星诞生

从以上所有数据，我们可以推断出，蜘蛛星云是在已经熄灭的恒星的余烬中重新生成恒星的地方。这是一个恒星育儿所。你很快就会看到，我们的宇宙中到处都有类似的地方，只不过蜘蛛星云是我们整个宇宙邻域中最大、最明亮的一个。

事实上，韦布望远镜已经探测到了一颗正在诞生的恒星，就在图像中央明亮恒星的正上方，你可能会觉得它看起来像是个气泡。

之所以能发现这颗恒星的诞生，是因为我们用了三种滤光片，可以区分三种红外辐射源。

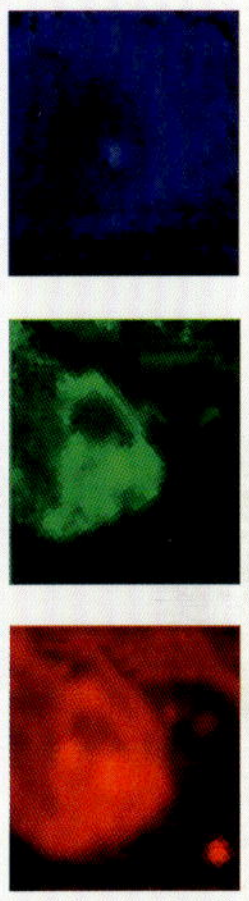

我们的宇宙中绝大部分已知物质都是氢原子，当氢辐射源非常炽热且呈点状时，一般就是恒星。

第一种辐射源是氢原子，它可以在可见光以外发出非常精确的红外线，韦布望远镜中有一个滤光片就是专门用来探测这种光的。这里用蓝色表示。

第二种红外辐射源也来自氢，但这次我们说的是氢分子，它是两个氢原子通过共享电子形成的。氢分子振动旋转时，发出的红外线与单个氢原子发出的略有不同。韦布望远镜探测到的这个波长在这里用绿色表示。

第三种辐射源来自碳原子和氢原子组成的分子。这就是上一页所说的碳氢化合物。这些分子比氢原子或氢分子更大、更复杂，但它们的光谱是已知的，在遥远的星云中也能被识别出来。这里用红色表示。

这些图像叠加在一起，就能看到一团气体和尘埃组成的云正在向内坍缩，形成一颗新恒星。

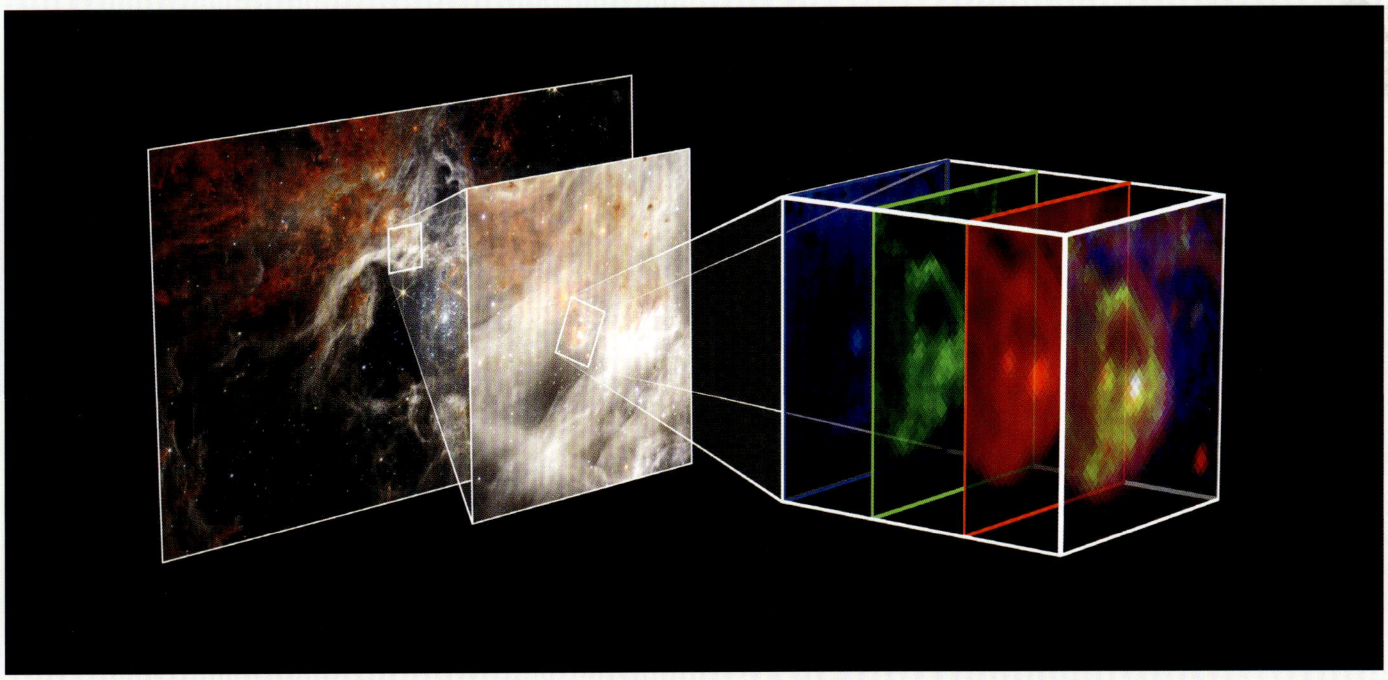

好了，现在你知道该如何阅读韦布望远镜的图像了吧？在这些知识的武装下，你决定继续探索大麦哲伦云。

也许是一切的结局

离开蜘蛛星云不久，你就能看到一个奇怪的东西，像是一个巨大的球，飘浮在无边无际的虚空中。那是一个比蜘蛛星云小得多的星云（N11），它是行星状星云，是一颗已消失的恒星表面的残留物。这颗恒星的爆炸力量相当大，大到现在你眼前的这颗气泡仍在以超过每小时 1 800 万千米的速度膨胀。在这张哈勃望远镜于 2010 年拍摄的图像上，我们只能看到尘埃中氢原子发出的光。你看了一会儿，然后就要参观下一个行星状星云了，那是另一颗恒星爆炸的遗迹，这次是巨星，一颗名为 SN1987A 的超新星。

这些超新星 SN1987A 的图像中，左上是哈勃望远镜于 2010 年拍摄的，右上是韦布望远镜于 2023 年 8 月 31 日拍摄的。我们可以隐约看到一个玫瑰色的环，中心是一颗恒星的残骸。

环本身是由恒星表面喷发出的物质构成的，大约形成于恒星最终爆炸前约 2 万年。在这 2 万年里，环以每小时几百万千米的速度向外扩散，就像一个烟圈。后来，爆炸产生的光线追上了它，将它照亮。

一旦这道光最终彻底穿过环，环就会失去光亮。

在科学家们的想象中，这整个东西从侧面看来应该如下图所示。

你抬起头来，想知道大麦哲伦云还能给你带来什么奇观，于是匆匆动身赶往下一片区域。那里奇异的色彩让你不禁想起地球海底的某些壮丽景致。

宇宙暗礁

你正飘浮在两个恒星育儿所的上空，它们被称为宇宙暗礁，但在星表中都有各自的名称：中心的星云是 NGC 2014，左下角的蓝色星云是 NGC 2020。在第 35 页大麦哲伦云的图上，这两个育儿所位于蜘蛛星云上方偏左的位置。

该图由哈勃望远镜于 2020 年 4 月发布，是用四种可见光滤光片分别拍摄的照片叠加而成。这里的颜色与真实颜色一致。也就是说，你在太空中用裸眼看到的场景跟这张图片是一样的。

你凝望许久，最终决定离开大麦哲伦云。相信宇宙中还有更多惊喜在等待你。

星系桥

在这张哈勃望远镜拍摄的大麦哲伦云照片中，你正位于另一侧，眼前闪耀着两个矮星系：左边是小麦哲伦云，右边是船底座矮星系。后者引起了你的关注。我们从地球上几乎看不到它。你犹豫着，不知是否该去拜访它。突然，你发现我们刚刚离开的大麦哲伦云正在夺取小麦哲伦云的物质。一条裹挟着恒星、岩石、行星和尘埃的涓涓细流正从一个星系流向另一个星系，这两个矮星系之间搭起了一座宇宙之桥：麦哲伦桥。这是盖亚卫星于 2020 年 12 月 3 日发布的一张图片。

你毫不犹豫地穿过这座桥，向小麦哲伦云飞去。

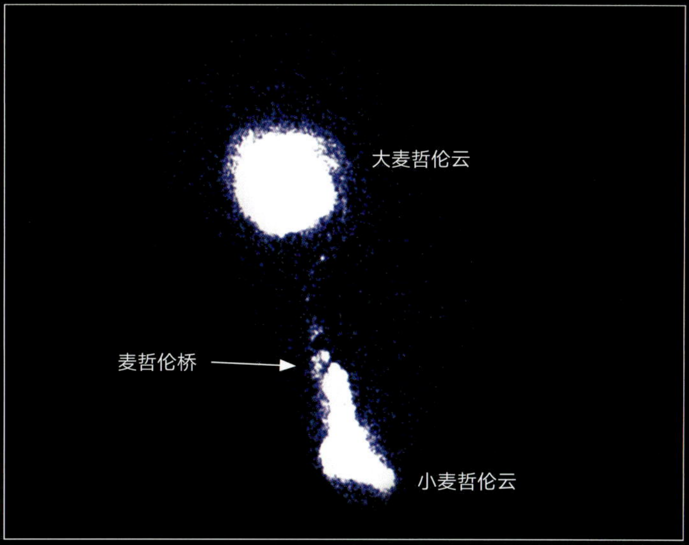

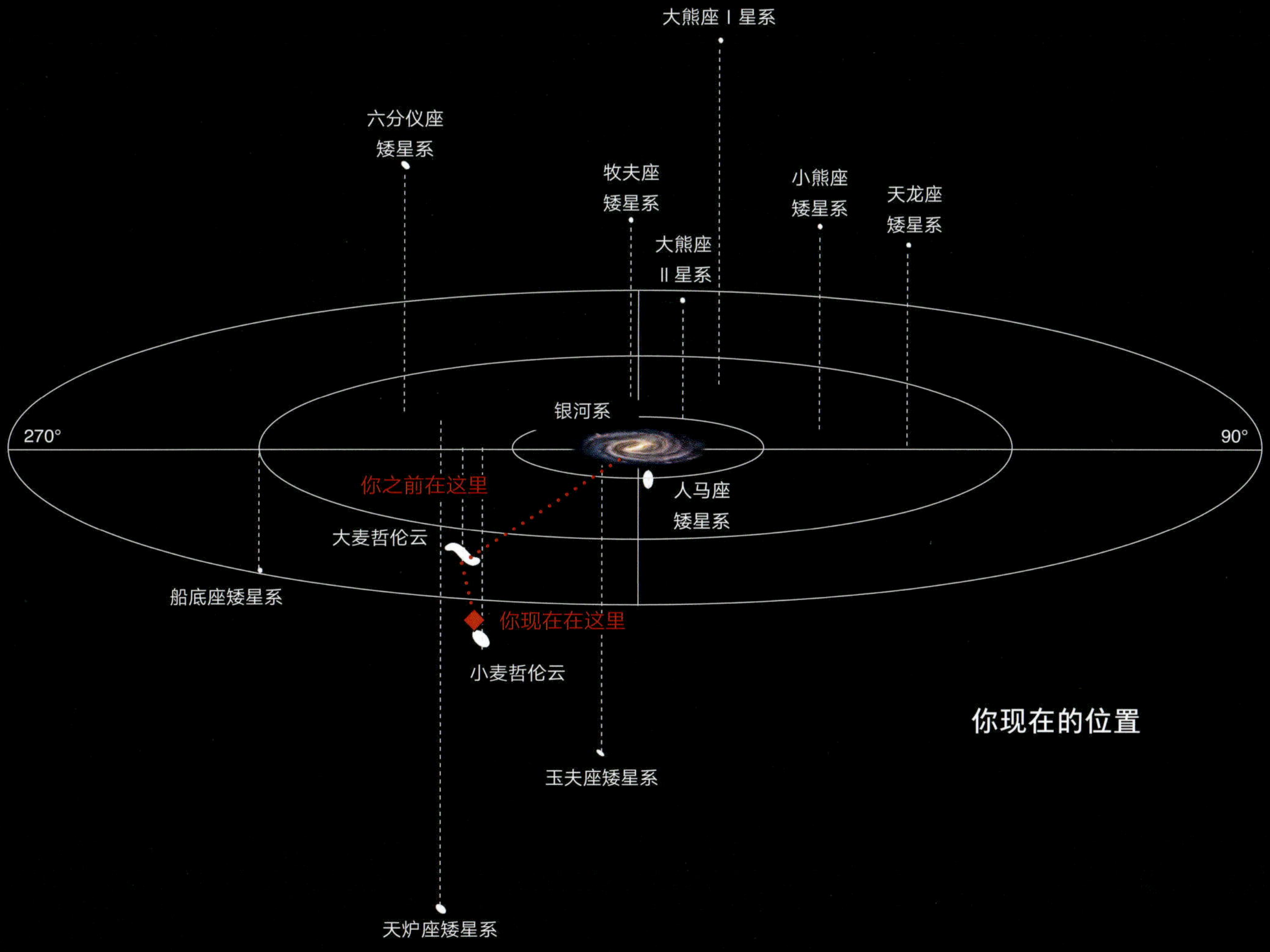

你现在的位置

一路上你只顾着尽量不撞到其他天体，所以也错过了通往小麦哲伦云路上的风景。不过现在你已经进入了小麦哲伦云。你停了下来，欣慰地看到，即使在这个正被其他星系蚕食的星系中，仍有恒星在不断诞生。

这是韦布望远镜在 2023 年 1 月拍摄的红外波段图像。这是 NGC 346 星云。翻过这一页，可以看到哈勃望远镜在 2005 年发布的这个星云的照片。

星星的呼吸

在哈勃望远镜拍摄的这张 NGC 346 图像中，中心区域年轻蓝色恒星群的呼吸，创造出一道气体和尘埃之弧。这个区域有超过 2 500 颗即将诞生的星星，是已知最活跃的星云之一。

上图仍然是同一个星云，但这是三个不同望远镜拍摄的照片叠加起来形成的。除了哈勃望远镜的可见光照片，还有韦布望远镜的红外线照片（显示为橙色），以及钱德拉望远镜捕捉到的 X 射线（显示为淡紫色和深紫色）。

钱德拉望远镜探测到的超高能 X 射线来自我们宇宙中最极端的天体和事件，如黑洞、恒星爆炸或恒星诞生的过程。

这张图是迄今为止对天空中的一角拍摄的最完整的照片之一，但是这片星云离我们确实很远。光线需要大约 21 万年才能走过我们与它之间的距离。然而，它并不像你即将前往的下一个目的地那样遥远。

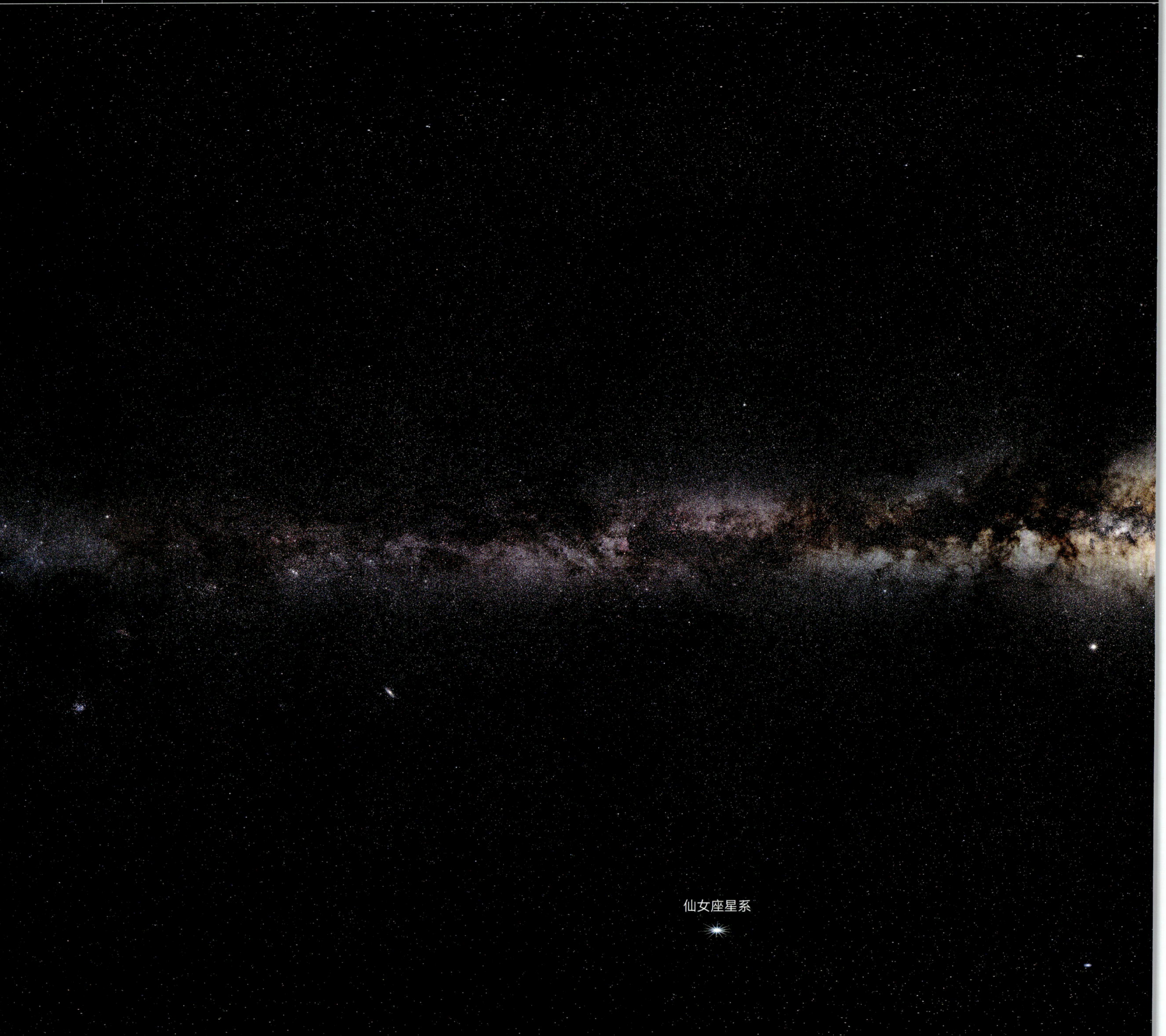

肉眼看到的银河之邻

地球在银河系里差不多就是这个位置。

背景图就是你在本书开头看到的盖亚卫星拍摄的银河系图像。你可以看到右下方的大小麦哲伦云以及船底座矮星系，左下方还有第四个天体闪闪发光。这个天体和它们一样明亮，甚至更胜一筹，从地球上也肉眼可见。这个天体比你刚刚参观过的矮星系大得多，但也远得多。这是另一个星系，里面的恒星数量不止几十亿颗，如果只有这么多的话，那它只是个和其他三个星系一样的矮星系，但这个星系里有几千亿颗恒星。

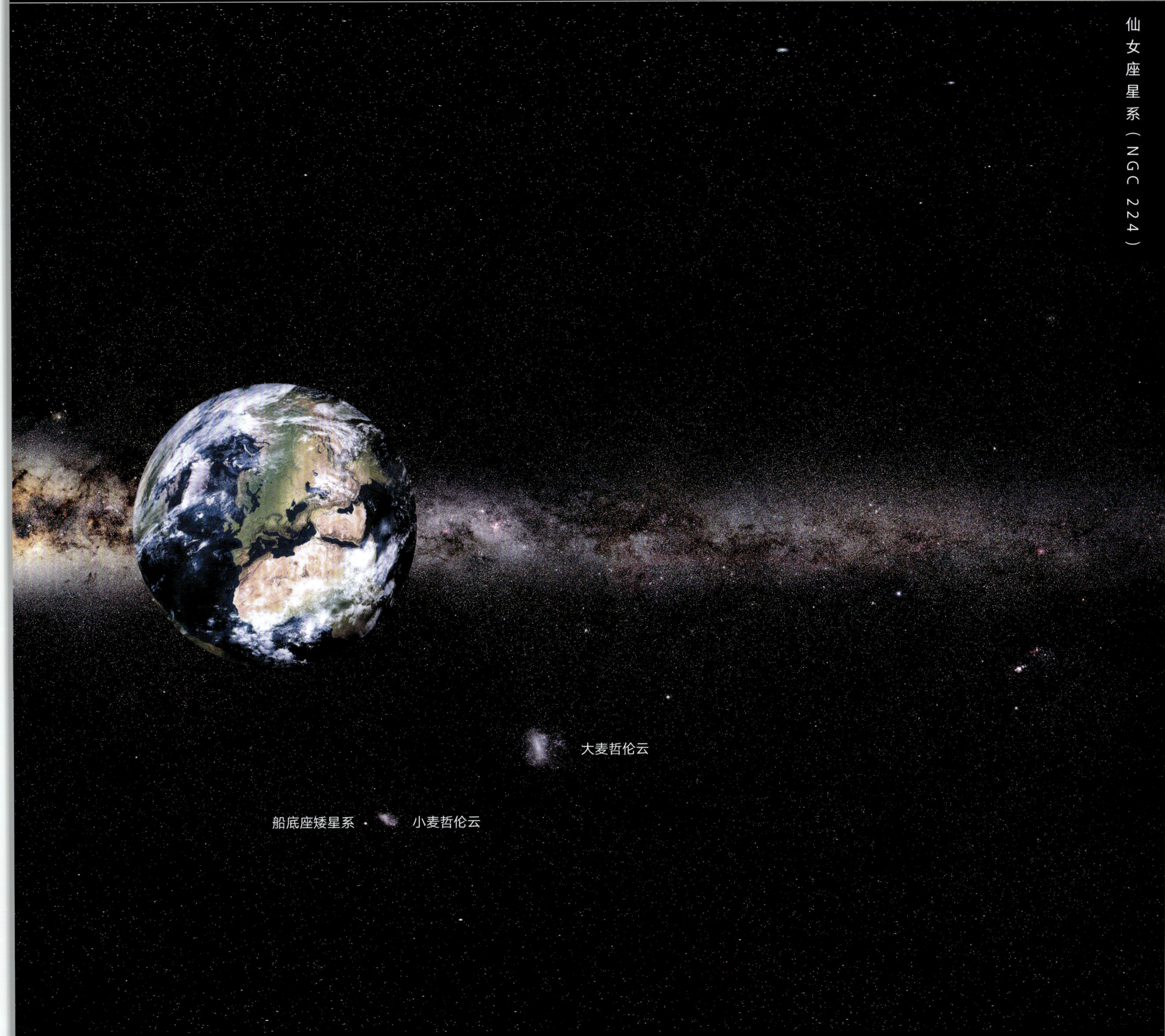

这就是仙女座星系。

从地球到出发，以光速前进，需要经过 16 万年才能到达大麦哲伦云，要想到小麦哲伦云，还要再加上 5 万年。而要抵达仙女座星系，就是完全不同的数量级了。

以光速前进，需要 2 500 万年。

几千年来，天文学家一直都知道它存在于仙女座里，但他们并不知道，这其实是一个星系。

这就是你现在要去的地方。

光如何揭示宇宙的历史

在前往仙女座的途中，你想起曾经在某处读到过，看向空间的远方，就等于看向时间的深处。因此，夜空中闪烁的一些星星实际上可能早已熄灭。你环顾四周，想知道这怎么可能，但在你穿越的星际虚空中，没有星星可供研究，无法解开这个谜团。你的确能看到仙女座星系和其他星系的微光逐渐在远处出现，但它们还太过遥远，你无法分辨出组成它们的单个星星。

然而，你注意到有电磁波正在穿过你周围的真空。上下左右，到处都有。这些波一一抵达你的眼前，有些是你的眼睛通常可见的光，有些则是你永远看不见的。在你的眼中，它们就像信使，载着遥远天体的影像穿梭于宇宙之中。在正常情况下，其中一些光线会照射在你的皮肤上，给你带来温暖，而另一些则可能穿透你的身体，对你置之不理。但此时，所有这些光线就像被施了魔法一样，全都将它们携带的影像投射到你的视网膜上，也就是发射它们的那些光源的影像。

这正是我们的望远镜在做的事情，无论是在地球上还是在太空中。它们收集来自宇宙四面八方的图像，这些图像自从发出以来就一刻也没有老去。

光只要还在传播，就不会受到时间的影响。它们以最高速度穿越空间，却毫不知晓时间的存在。

只有当光线与物质发生相互作用，被电子吸收或被测量装置探测到时，它所携带的图像才开始经历时间的流逝，不再是永恒不变的图像，而是变成会逐渐消逝的记忆。

很久以前，牛顿认为我们宇宙的时间可以用一条无限延伸的直线来表示，这个时间对每个人来说都是相同的。他设想时间是由一座位于宇宙之外的时钟来调节，它那完美的嘀嗒声不可动摇，在任何地点、任何时刻都不会有变化。对牛顿来说，时间的流逝就像一个光标以固定的速度沿着一条无限的直线从过去驶向未来，永无止境。如今，我们不再将时间想象成一条对所有人都一样的直线，因为我们已经看到，时间在任何地方都不是以同样的方式流逝的。

时光不逝

不同的时间可以共存，这一想法本身就够奇怪的了，但或许更令人惊讶的是，通过阿尔伯特·爱因斯坦的理论，我们已经知道了如何将它们联系在一起。我们甚至知道，有可能逃离所有的时间，而要做到这一点，我们就必须化身为光。在我们的宇宙中，只有光不受时间的束缚。

每一束离开天体的电磁波都携带着这个天体的影像，这个影像以光的速度传播，永不衰老。捕捉到光，观察它带来的影像，就等于看到了一张穿越时空后依然保持完整的快照。否则，如果光会受时间的影响，那么遥远星系的图像就会受损、老化。但事实并非如此。

有些光线要经历数百万年的旅程才会抵达地球。捕捉这些光线，就能揭示出当它们离开星体、星系或宇宙云等光源的一瞬间，这些天体的真实面貌。

收获一束远道而来的光，就是在穿越时空，观察过去。

地球会接收到来自宇宙四面八方的光线，它们旅行的时间长短不一，这取决于我们与光源的距离。

其中一些光源是非常遥远的恒星，可能光所携带的影像还没有抵达地球，那个恒星的生命就已经结束了。就像一场延迟得很厉害的电影，等我们终于看到这些，它们也已不复存在了。

宇宙中所有天体都有延迟，但不一定会如此极端。

当你在地球上感受到温暖的太阳光照射在你的皮肤上时，这束光已经走过了大约八分半钟的时间才抵达你的身旁。假如太阳在你正读着这页书的时候突然熄灭了，那你还有八分半才能知道这件事，这倒是个好消息，因为这些时间足够你把这页书看完了。

太阳之外，距我们最近的恒星是半人马座的比邻星。从这颗恒星发出的光线需要四年时间才能抵达地球。因此，我们所看到的关于它的一切，都晚了四年的时间。

肉眼可见的最遥远恒星是仙后座 V762（华盖三），与我们的时间差是 16 308 年。

而我们刚刚停下来看到的仙女座星系，与我们的时间差是 2 500 万年。

因此，当你翻开这本书的时候，你看到的一些星星可能早就已经不存在了。

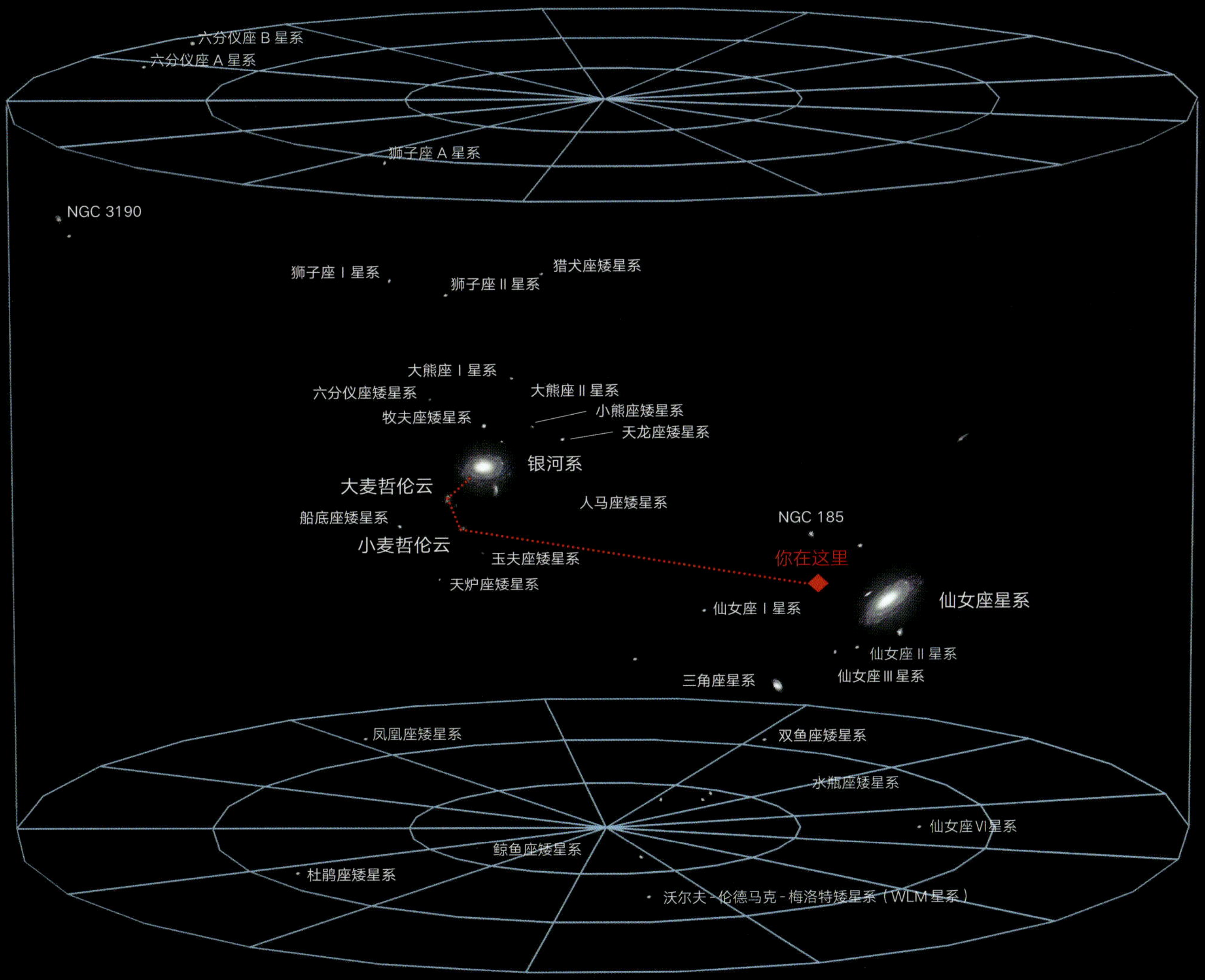

星系女王

仙女座星系是我们宇宙邻域中最雄伟的星系。它十分巨大，在天空中覆盖的区域有满月的三到四倍，而它与我们的距离则是地月距离的 8 万亿倍。

这张由哈勃望远镜拍摄的仙女座星系是真彩图像。照片上散布的大部分点点是我们银河系中的恒星。而那些有些圆润的斑点既不属于仙女座星系，也不属于银河系。这些是卫星星系，也就是矮星系。

你正在仙女座星系附近，从这里看过去，会觉得它仿佛独自飘浮在一片黑暗的空间里，四周围绕着它的卫星星系。

仙女座星系比银河系大，含有几千亿颗恒星、几百万个恒星育儿所，还有更多的黑洞，只不过距离我们太过遥远，人眼无法看到它的全部。从地球上用肉眼看去，只能看到仙女座星系的中心在北半球的秋夜里闪耀。

亿万颗星

2015 年，哈勃望远镜拍摄了上面这张照片，对应对页左下图中仙女座星系的一部分。这是有史以来分辨率最高的照片之一。组成它的不是一粒粒小像素，而是星星。从这张照片中可以单独分辨出至少 1 亿颗恒星。

一百多年前，我们的祖先还以为银河系就是整个宇宙。后来我们发现，银河只是一个星系而已，望远镜很快就证明了还有其他星系存在。起初只有几个，比如麦哲伦云和仙女座星系。随后发现了越来越多，几十个、几百个、几千个。

如今，我们估计可观测的宇宙范围内至少包含一万亿个星系，每个星系都由数千亿颗恒星组成。这些星系是随机分布，还是聚集成簇呢？各个方向上的星系都是无限多的吗？这些星系与我们的银河系一样吗？还是说，我们其实是住在宇宙的一个特殊角落，具有独特的性质呢？

你接下来的旅程有助于回答所有这些问题，这要特别感谢韦布望远镜刚刚发回来的图像。

遥远的空间意味着遥远的时间，但我们看到的永远不是我们自己的过去，而是其他行星、其他恒星和其他星系的过去。有时候我们可能会发现某些遥远的星系与我们的星系非常相似，但处于不同的发展阶段。将这些星系与我们周围所见进行比较，便能重建我们周围事物的历史，从银河系的诞生到太阳和地球的诞生。

在更大尺度上，引力导致星系相互作用、相互合并，组成星系群。银河系也不例外。它属于一个大约由 50 个星系相互吸引形成的小家庭，其中仙女座星系是女王。但是宇宙并不止于此。更远处还有其他星系群的存在，有的规模更大，称作星系团。所有这些星系团和星系群汇聚在一起形成超星系群或者超星系团，它们彼此之间不再靠引力联结。

仙女座星系和银河系所属的星系小家族称为本星系群。本星系群的成员在第 55 页的图上。它由大约 50 个矮星系和 3 个较大的星系组成：仙女座星系、银河系和三角座星系。仅这 3 个星系就包含近 2 万亿颗恒星。从银河系出发，飞越仙女座星系后，你决定去三角座星系转转。

本星系群三重奏

三角座星系（M33）是本星系群中第三大的星系，这张图片是它在可见光波段的照片，由位于智利的欧洲南方天文台甚大望远镜拍摄。你就在这张图片左侧远处的某个地方，注视着它那巨大的玫瑰色和红色云团。和之前一样，这些星云还是恒星的育儿所。

这些恒星育儿所中最大的一个位于图片上方的一根旋臂上。它最为明亮。图中标了一个小箭头指向它的位置，找到它时肯定就能看到这个小箭头了（但我就不直接告诉你了，还请自行寻找）。

你决定在飞越星系中心的路上仔细看看这个恒星育儿所。

本星系群中最大的一些星系的相对大小

三角之心

这是哈勃太空望远镜对三角座星系内核的 54 次观测结果的叠加图像。从图像中可以分辨出 1 500 万颗恒星（大约占三角座星系所有恒星数量的 1.5%）。你关注的恒星育儿所在前一幅图中显示为粉红色，但在该图中是蓝色的，位于右上角，看起来格外巨大。

三角之光

这个恒星育儿所的确相当巨大，是宇宙中我们已知最大的一个，名为 NGC 604。在这里，我们可以清楚地看到正在诞生的粉红色恒星和它们在母云中挖出的空洞。现在你对这种现象已经非常熟悉了，温柔地凝视了它一段时间后，你便继续向更远的地方行进，前往本星系群的边界。

你抬头朝 WLM 矮星系看去，这是距离地球 300 万光年的矮星系。它标志着银河系所属星系群的边界，距离三角座星系 50 万光年。

你调整方向，毫不犹豫地朝它飞去。

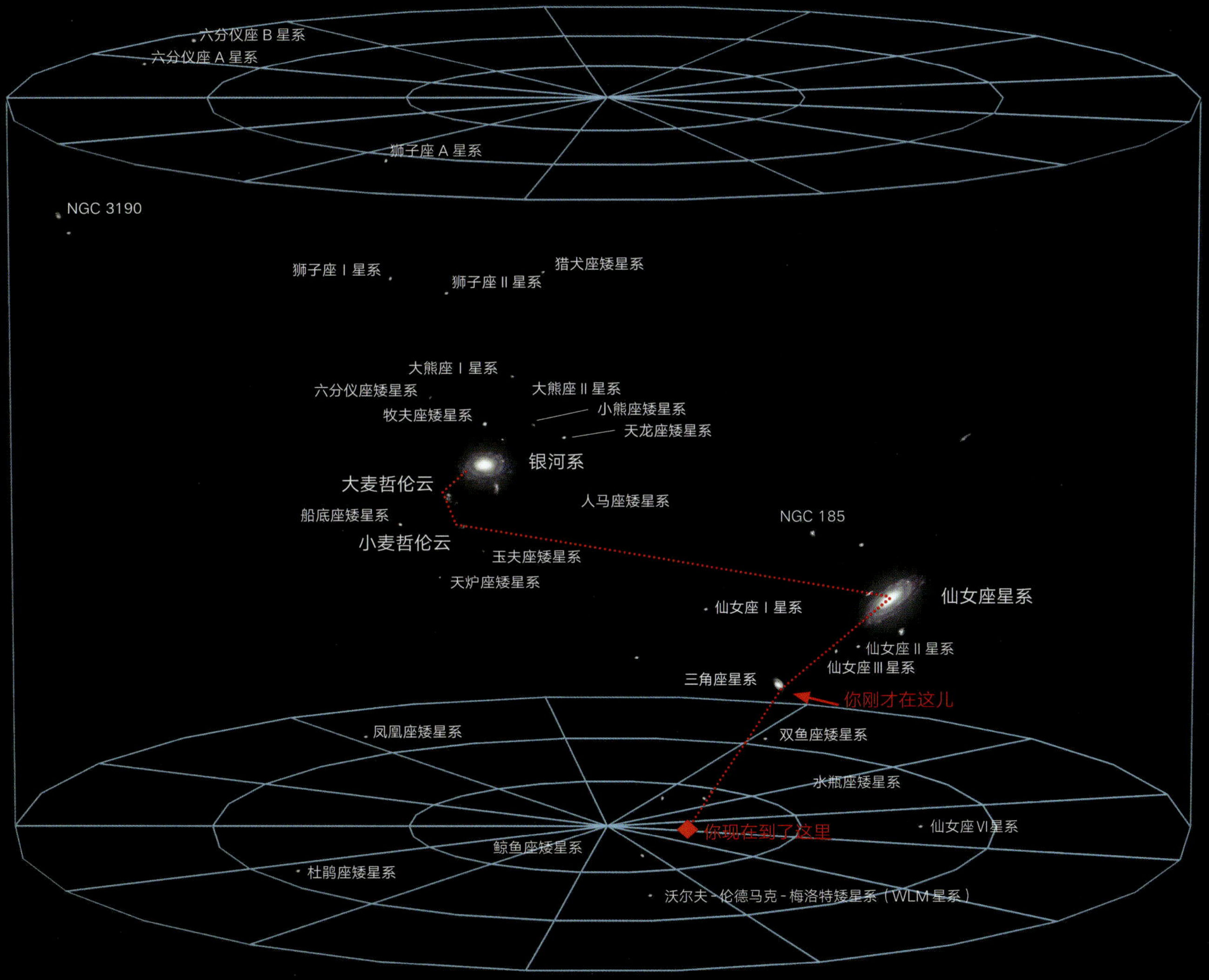

本星系群

斯皮策红外阵列照相机

本星系群的边界

你刚刚从三角座星系走过了 50 万光年的距离，来到了 WLM 星系。这个星系的全称是沃尔夫－伦德马克－梅洛特矮星系，以三位发现者的名字命名，它位于这幅跨页图的中间。这个星系中有一半的恒星年龄在 90 亿至 120 亿年之间，而太阳的年龄还不到 50 亿年，相比之下，这个星系已经相当古老了，但图中闪耀着玫瑰色和蓝色的恒星则要年轻得多。

本页左上角是通过斯皮策太空望远镜拍摄的 WLM 星系的一小块，这和韦布望远镜很像，也是在红外波段拍摄的。精度上的差异让我们不禁猜测，在本星系群之外还有更多的惊喜在等着你。毕竟从图像上看应该还有更遥远的星系，宇宙并不止于此。

绝不止于此。

韦布近红外照相机

浩瀚无垠

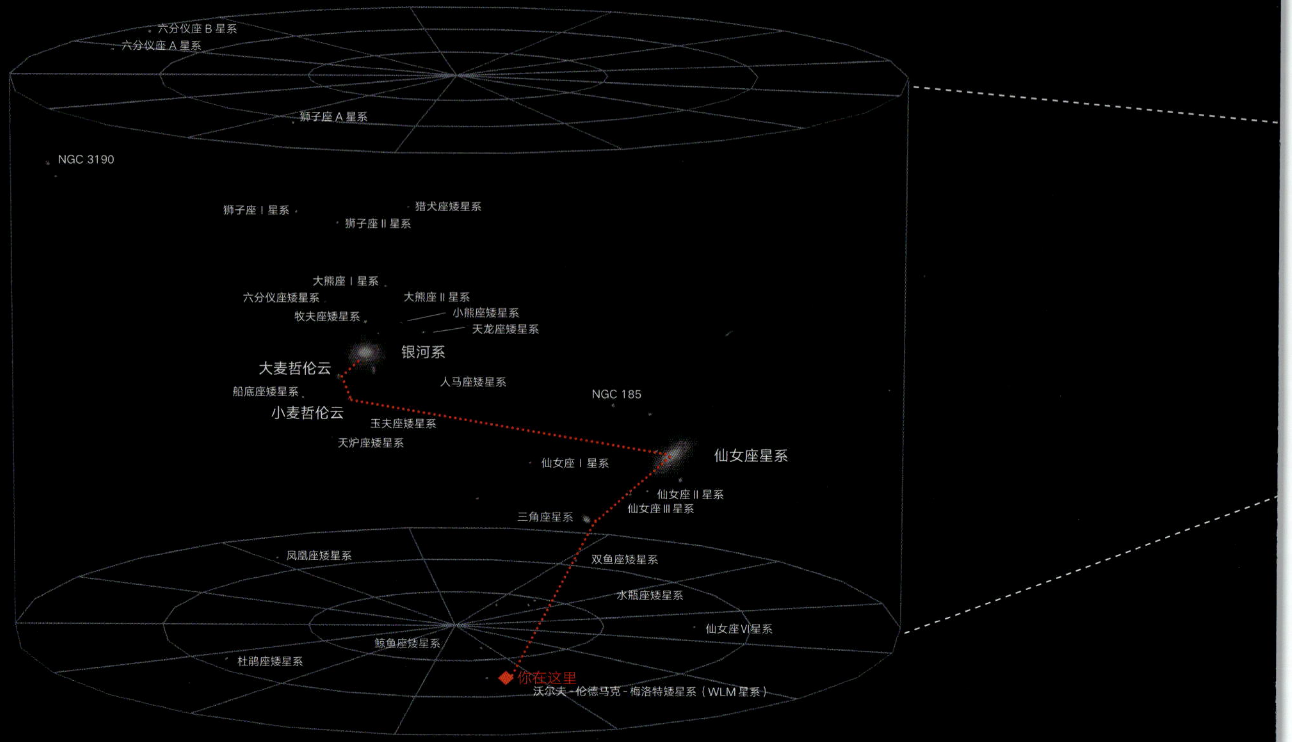

本星系群

我们的天堂

我们的本星系群属于一个更大的集合，这是一个星系群的星系群，称为超星系团。2014 年，埃莱娜 · 库尔图瓦（Hélène Courtois）、耶胡达 · 霍夫曼（Yehuda Hoffman）、丹尼尔 · 波马雷德（Daniel Pomarède）和理查德 · 布伦特 · 塔利（Richard Brent Tully）利用建在夏威夷一座火山坡上的加拿大—法国—夏威夷望远镜（上页图）发现了它。他们将这个超星系团命名为拉尼亚凯亚，这个词是夏威夷语，意思是“无限的地平线”或“天堂”。详见右页图。

拉尼亚凯亚超星系团中包含至少 10 万个星系，光线需要 5 亿多年才能穿越它。

室女座星系团是这个超星系团中最大的星系团之一，它拥有 2 000 个星系，远远超过我们所属的星系群，我们的本星系群只有大约 50 个星系。

在这个比例上，我们的本星系群几乎可以忽略不计了，其中的 50 多个星系都在右图中那个红色方块里。距离之大令人眩晕。你现在即将探索的就是这张地图。

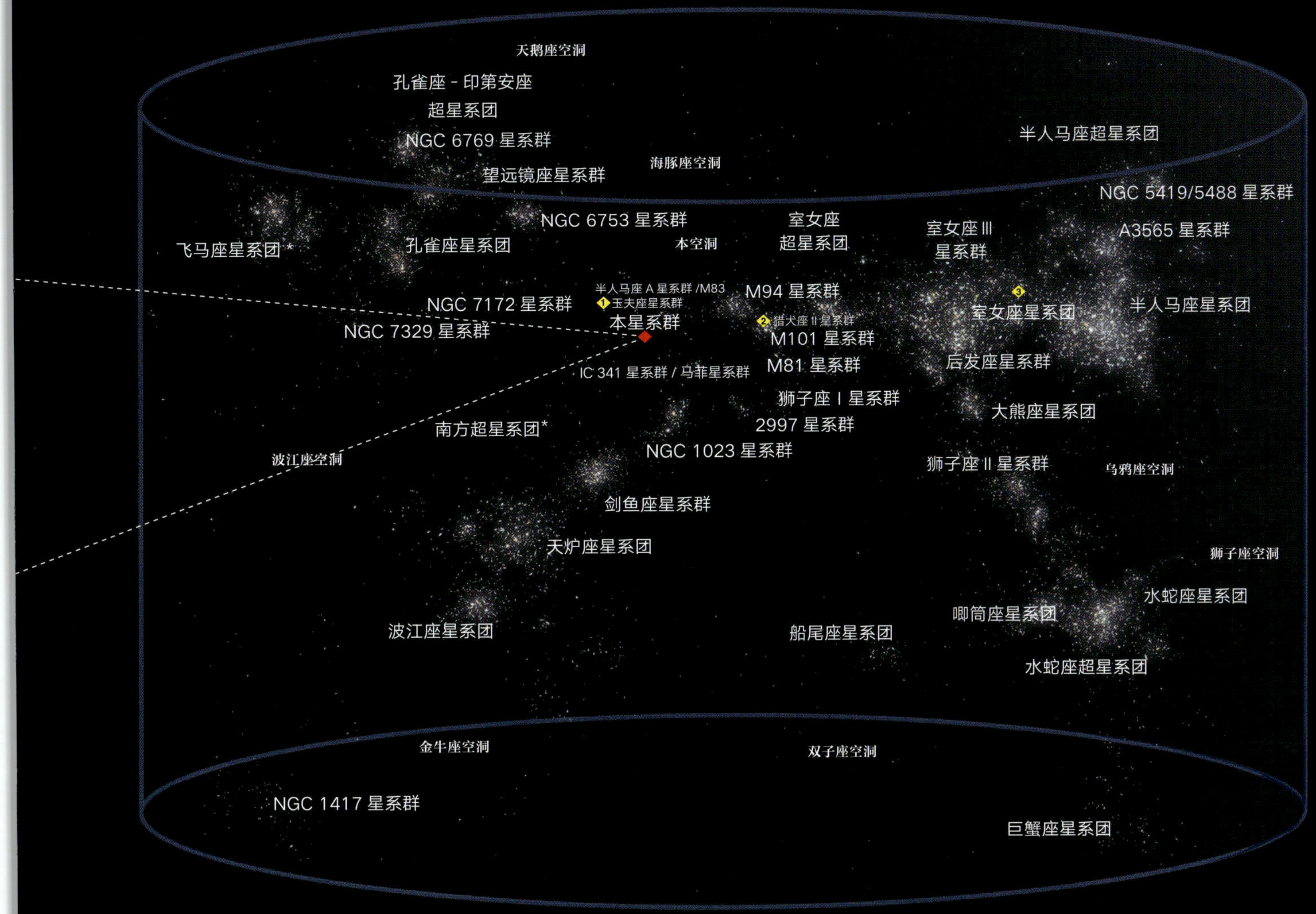

拉尼亚凯亚

接下来的计划

在接下来的旅程中，你将前往拉尼亚凯亚，朝着它的“首都”——室女座星系团前进。它位于上图中本星系群的右侧。

动身之前，你会首先穿越玉夫座星系群 ❶（它在宇宙中就像一道门），在这里可以看到韦布望远镜刚刚展示给我们的图像，这景致十分出人意料。

随后，在去室女座星系团的路上，你会注意到一个非常壮观的星系，美到值得稍微绕道特意来飞越它 ❷。它就是涡状星系。2023 年 8 月 29 日，韦布望远镜发布了两张新的图像。

抵达室女座星系团 ❸，在我们已知宇宙中最大的星系之一的中心，你会发现有史以来拍摄到的最极端的天体：一个超大质量黑洞，质量几乎是太阳的 65 亿倍。

我们走

你绕过 WLM 星系，踏出了本星系群之外的第一步，然后以光速冲向未知，这也表示，你的时间就此停止了。

不无满足地穿越了约 3 000 万光年后，你从 WLM 星系来到了玉夫座星系团中的旋涡星系 IC 5332。

耳目一新

旋涡星系 IC 5332 是少数几个我们有机会观察到正面的星系之一。

本页是哈勃望远镜在 2022 年混合可见光波段和紫外波段合成的图像。

表面看，似乎只在旋臂上才有恒星，但我们现在知道事实并非如此。星系明亮的旋臂上物质更为密集，这里的恒星比其他地方的恒星更年轻、更明亮。亮臂之间的暗臂上并非没有恒星。只不过这里的恒星更为古老、亮度更低。

为了更好地理解这类星系内部物质的分布情况，韦布望远镜对准了它，在红外波段进行观察。所得的图像与哈勃望远镜截然不同，令人震惊。

这就是韦布望远镜拍摄到的 IC 5332，于 2022 年 9 月发布。这张图很好地阐明了一个观点：从不同波段观察宇宙，呈现出的面貌也会不同，除非我们对穿过宇宙的所有信号都进行了全面了解，否则我们肯定会错过其中一些不同寻常的信息。

话虽如此，但它也有可能是一个宇宙级的特例。也许 IC 5332 是唯一一个在红外波段呈现出如此面貌的星系。为了验证这一点，你转向了 M74，这是玉夫座中的一个星系，离我们比 IC 5332 还远 300 万光年。翻到下一页，映入你眼帘的就是哈勃望远镜在可见光下拍摄的 M74。再下一页，就是韦布望远镜看到的 M74 了。

韦布望远镜眼中的M74

幽灵星系

你刚刚看到的 M74 也叫幽灵星系。

在哈勃望远镜拍摄的图像中（第 74—75 页），可以看到它相当清晰的螺旋臂，正因如此，有的天文学家也叫它“完美螺旋”。星系中点缀着一些微微泛红的云。这里是新形成的恒星育儿所，内部正在诞生的恒星照亮了气体和尘埃云。

接下来的图像（第 76—77 页）是由韦布望远镜拍摄的，为我们提供了一个完全不同的视角，揭示了哈勃望远镜无法看到的星系核心，让我们首次看到成千上万的年轻恒星在蓝光中闪耀。

在该图像右下角，我们还能清晰地看到一个空洞气泡，这个气泡的起源仍然是个谜，感觉好像是某种巨大的未知物体射穿了星系的旋臂。

在地球上相对容易观测到 M74，这也是为何它能成为天文学家和业余天文观测者最喜欢的目标之一，观测得多了，我们也从中发现了几件非常奇怪的事情，特别是在 2004 年和 2013 年两次出现的恒星死亡。

2004 年，还没有韦布望远镜的时候，它的前身斯皮策太空望远镜已经可以在红外波段观测宇宙了。虽然斯皮策望远镜的性能远不及韦布望远镜，图像（下图）也没有那么清晰，但我们还是能从图中看到一颗爆炸的恒星，几个月后恒星消失。当然，它没有真正消失，而是变成了一个气体云，也就是行星状星云，但在拍摄两张照片之间的几个月里，它的尘埃冷却得相当快，斯皮策望远镜再也找不到它了。

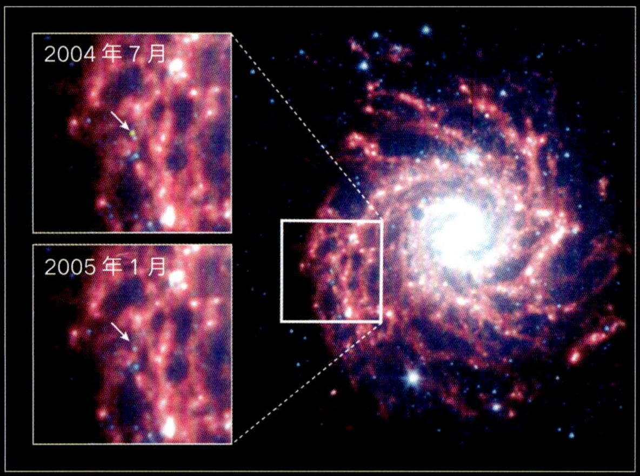

斯皮策太空望远镜红外相机拍摄结果

2013 年，位于智利的欧洲南方天文台在可见光波段拍摄到了 M74 星系中第二颗恒星的死亡，也就是下图左下角箭头所指的亮点。它的亮度与整个星系的核心不相上下。要知道，这个星系的核心中可是含有数十亿颗恒星。由此，我们就知道这次爆炸的威力有多大了。

但这还不是全部。

2005 年，钱德拉太空望远镜也在这个星系中探测到一个特别的 X 射线源。如上图中箭头处所示。这个源能量很强，大概只有一种已知天体符合这个标准了：一个质量约为太阳 1 万倍的黑洞。这是所谓中等质量黑洞，相当罕见。大多数已知黑洞的质量要么和太阳差不多，要么是太阳的几十万倍，在这两者之间的并不多。科学家认为，这些中等质量黑洞是由数百个小黑洞逐渐融合而成的。

出于好奇，你十分想知道是否可以更近距离地观测这个黑洞，但借助本书是无法做到了，因为你只能看到由地面望远镜或太空望远镜观测到的事物。虽然这个黑洞的质量是太阳的 1 万倍，但它太小，也太过遥远，无法被直接观测到。

更准确地说，黑洞的直径一般与质量成正比：每增加一个太阳质量，直径约增加 5.8 千米。斯皮策望远镜探测到的这个黑洞直径大约为 58 000 千米，比天王星的直径略大一点。在星系的尺度上来讲，这个大小微不足道。

虽然有些失望，你还是决定放弃 M74 星系，转而关注我们超星系团的“首都”——室女座星系团。它离得并不近，与我们相距 2 400 万光年以上，大约是从地球出发到现在所在的位置走过的距离。这无所谓，你还是坚定地朝它飞去，但这次不再以光速前进了，稍慢一点，欣赏一下沿途的风景。

你做得很对，因为在一个叫作 M51 星系群的小星系团中，在猎犬座星系团的方向上，你会遇到一个非常美丽的星系，值得一看。它的名字是涡状星系。

宇宙旋涡

涡状星系（NGC 5194，或 M51a）是 1773 年 10 月 13 日由法国天文学家夏尔 · 梅西耶（Charles Messier）发现的。2005 年，哈勃望远镜发布了这张照片。梅西耶创建了一个星表，至今在天文学界仍是最重要的星表之一，条目名称都是以“M”开头，代表梅西耶，后面跟着一个数字，有时还有一个字母，涡状星系就是 M51a。

上面的乳白色小云是另一个星系（NGC 5195），这说明，大麦哲伦云和小麦哲伦云并不是宇宙中唯一有互动关系的星系。这种现象也发生在巨型星系之间。

翻过这一页，你会看到韦布望远镜拍摄的涡状星系核，发布于 2023 年 8 月 29 日。

旋涡之眼

在地球上，不需要天文望远镜就可以看到旋涡星系，只用双筒望远镜就可以了。但是，要看到这张横跨两页的大幅涡状星系核心图像，就必须依靠韦布望远镜。截至 2023 年 8 月，还没有人以这样的方式见过它。

第一张图像，即上图，展示的是近红外波段拍摄的涡状星系，下图则是中红外波段的视角。

或许你想跳进这个宇宙旋涡去看看。但短暂地将目光转向室女座星系团时，你会在星系团的北部看到一个相当巨大的星系。与迄今为止你所见过的所有星系都不一样，这个星系不是螺旋形的，也不是扁平的，它呈现出鸡蛋的形状。这是一个椭圆星系，大小是银河系的一百多倍，甚至可能达到两百倍。这将是你在拉尼亚凯亚超星系团的“首都”访问的唯一一个星系，但它带给你的惊喜一定会让你不虚此行。

星系团之首

你刚刚向室女座星系团的方向又前进了大约 2 000 万光年。现在，这个内含 2 000 个星系的星系团展现在了你的面前。你从涡状星系那边看到的它位于这张图像的左下角，是由位于智利的欧洲南方天文台拍摄的。其中有一部分被一块黑圆遮住了，这个黑圆跟图中其他黑圆一样，都是为了遮住我们银河系中一些耀眼恒星的光芒。

这张照片中几乎所有的黄色斑点，不论大小，都是室女座星系团中的星系，室女座星系团是拉尼亚凯亚超星系团中最庞大的星系团。每个星系中都有数十亿颗恒星。我们正在飞往 M87 星系，它是所有星系中最大的一个。

前进的过程中，你一直盯着它看。

隐隐看到似乎有一种喷流从它右下方喷出……

但在这个距离上很难确定。随着你不断靠近，很快就会有答案了。

宇宙喷流

确实有一股喷流从 M87 星系的中心喷出。这个喷流绝对算得上是庞然大物，长度大约为 5 000 光年。我们甚至都不敢想象，到底是什么样的怪物能产生如此巨大的宇宙喷泉。不过，答案是肯定的：这也是一个黑洞。这个黑洞不像 M74 星系旋臂上的那个只有 1 万倍太阳质量的黑洞，而是有约 65 亿倍太阳质量之大。这是一个超大质量黑洞。你看到的它的喷流主要由被撕裂的物质组成，几近光速，它们来自被黑洞吸引的恒星、行星、岩石和云团。这些物质以极快的速度落向黑洞，但没有被吞噬，反而是被扯碎，以气体的形式高速喷射出去。

一个疯狂的想法突然闪过你的脑海。是否有可能靠近这个黑洞，看看它是什么样子？它确实比幽灵星系的黑洞还要远上两倍，但几乎大了一百万倍。你还是决定试一试，就像谢泼德 · S. 多尔曼（Sheperd S. Doeleman）领导的物理学家团队一样。他们灵机一动，用七个天文台的望远镜组成了一个几乎与整个地球一样大的虚拟抛物面天线，将其对准星系的内核。这个望远镜名为事件视界望远镜（Event Horizon Telescope），它获取的图像就是对页上图。该图像于 2019 年 4 月 10 日发布，是人类有史以来第一次拍摄到黑洞周围区域的图像。图片不是以真实色彩呈现的。对于你这样依靠想象靠近这个宇宙怪物的人来说——我不建议你真去靠近它——尘埃盘的颜色看起来并不是橙色的，而是蓝色的。

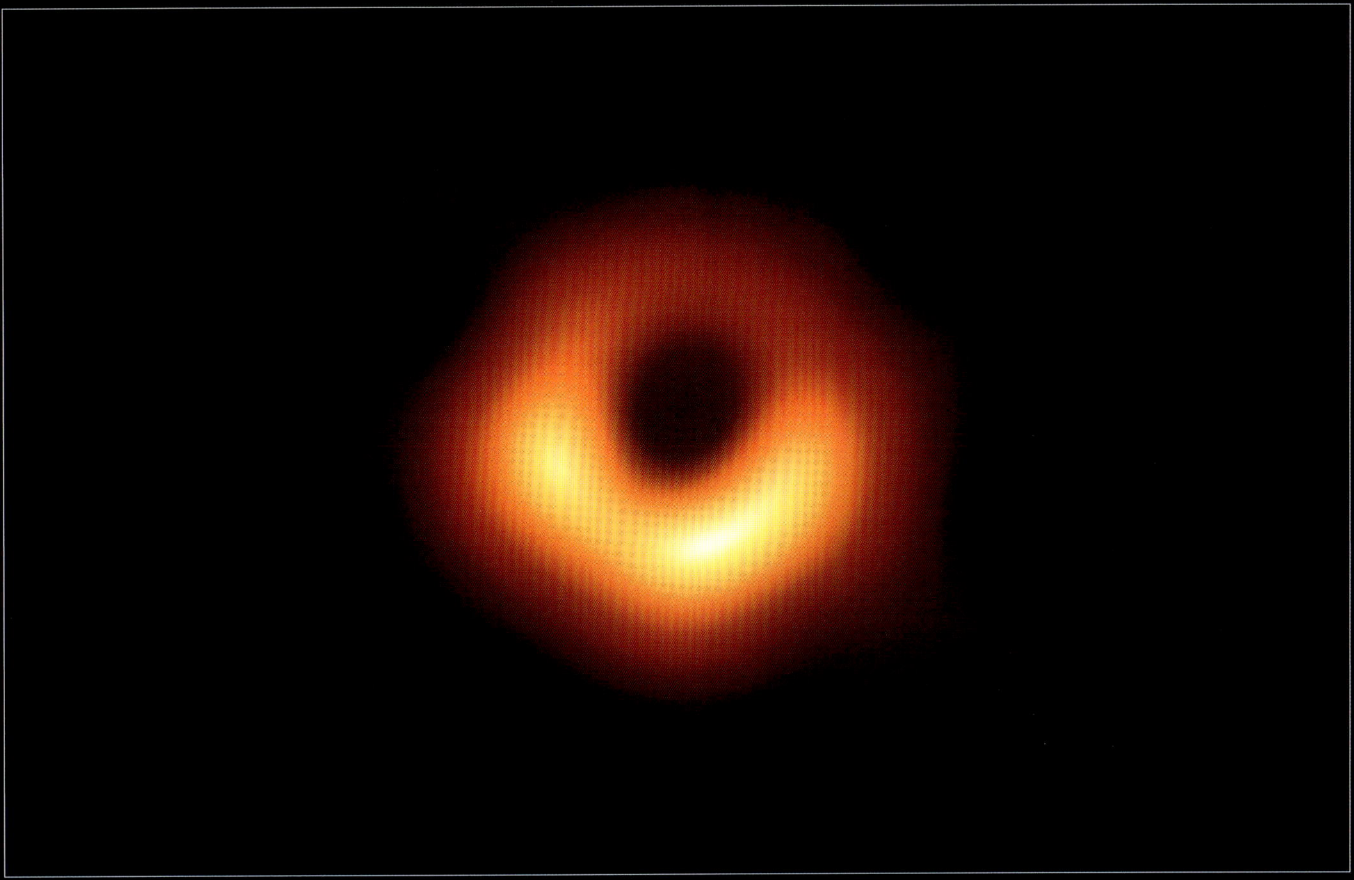

第一张黑洞照片

早在三十多年前，法国物理学家让-皮埃尔·卢米内（Jean-Pierre Luminet）就预测过这个黑洞周围物质盘的形状。下面这张模拟图证实了他笔算得出的结果。为了对 2019 年获取的图像进行补充，2023 年，欧洲南方天文台也将望远镜对准了 M87 星系的内核，得到了右下方这张图像。这是人类首次同时看到黑洞及其喷流。

你被这一景象深深吸引了，想知道韦布望远镜是否也能凭借惊人的分辨率探测到黑洞。你好奇地环顾四周，另一个属于拉尼亚凯亚的星系团吸引了你的目光。它只包含 13 个星系，但其中一个名为 NGC 7496 的星系被韦布望远镜观测过。

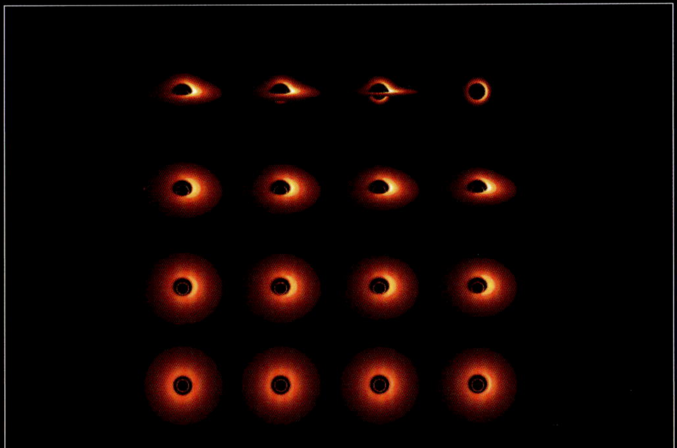

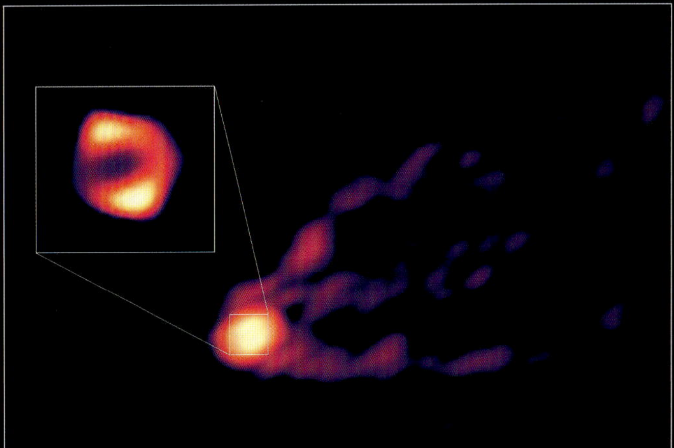

韦布望远镜与黑洞

NGC 7496 星系距离地球大约 7 000 万光年。这张图像是哈勃望远镜于 2022 年 5 月 30 日发布的，图中可以清楚地看到一个穿过星系核心的螺旋棒。这种形状的星系名为棒旋星系。从可见光波段（即真实色彩）来看，似乎没有什么特别之处。

但是，在红外波段下情况就不同了。

NGC 7496 星系的核心隐藏着一个巨大的黑洞，吸引着周围的尘埃和气体。就像前两页的黑洞一样，这些物质在坠向黑洞时，加速又加热，直到在红外波段上发出强烈的辐射，刺眼的光芒淹没了韦布望远镜的传感器，形成了这个美丽的八角星形状，这个图像叫作衍射图样。所有相机都有自己独特的衍射图样，这个八角形就是韦布望远镜特有的形状。日后，你再在太空望远镜拍摄的图像上看到八角星时，就会知道这是韦布望远镜拍摄的了。如果颜色是蓝色或白色，那就很可能是我们银河系中的一颗恒星。如果它位于一个遥远星系的中心，呈红色，那么它就很可能隐藏了一个巨大的黑洞。

掌握了这种新的解读方法后，你的目光开始投向拉尼亚凯亚之外的景象，希望在遥远的宇宙中找到关于星系及其所包含的巨型黑洞形成和演化的线索。

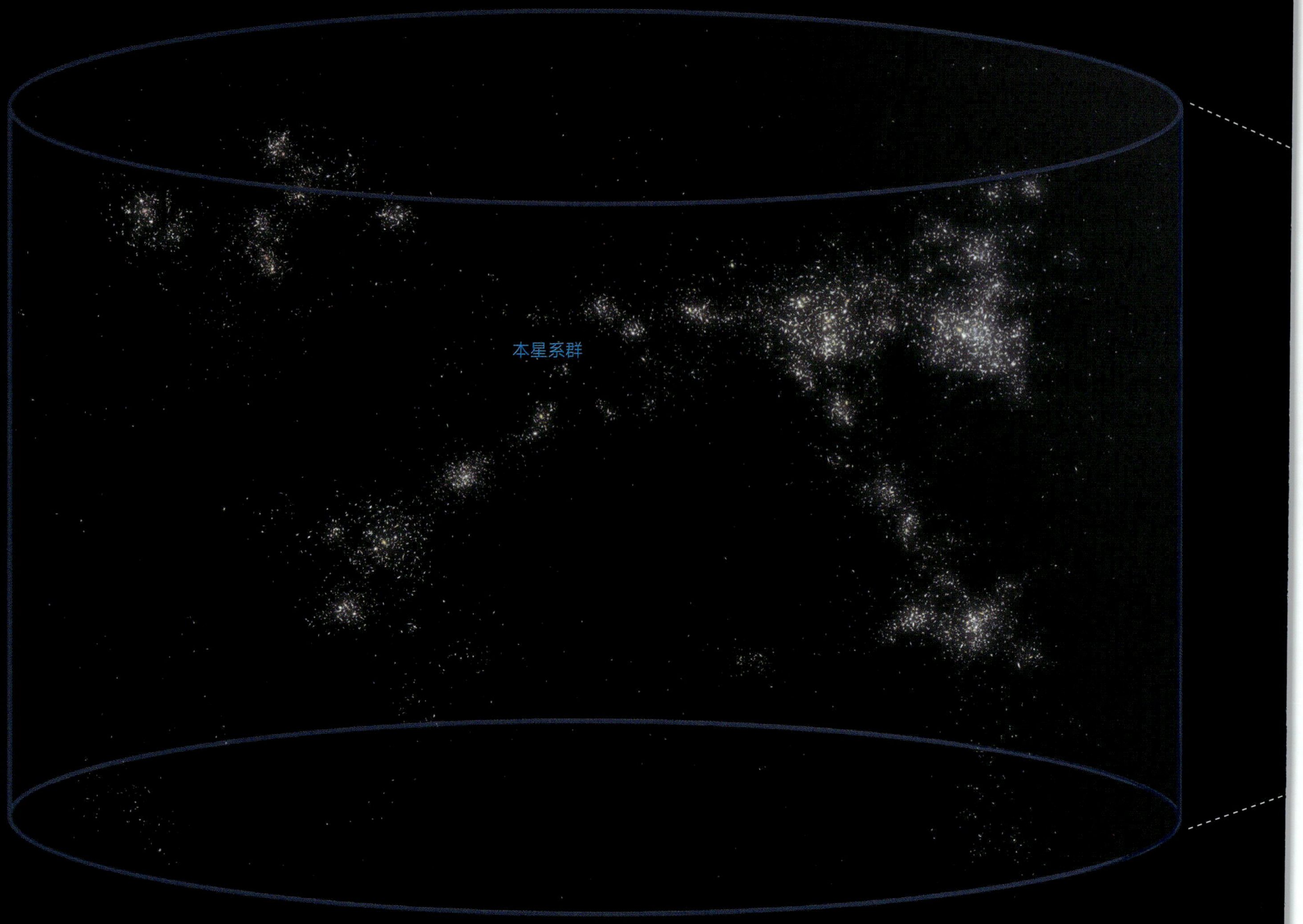

拉尼亚凯亚

星系工厂

你刚刚离开了拥有 10 万个星系的拉尼亚凯亚超星系团，现在又进入了一个更大的领域——超星系团的“团”。

上图中的拉尼亚凯亚，在右图中变得很小，而包含银河系、仙女座星系、三角座星系和大约五十个矮星系的本星系群在图中已小到完全不可见。

现在，图中的距离尺度如此之大，你可能需要一点时间来消化。看着看着，我们注意到了一些结构：要知道，超星系团在宇宙中并不是随机分布的。它们沿着巨大的纤维状结构延展拉伸，界定了绝对巨大的宇宙空洞。这些纤维状结构是我们宇宙中最大的结构之一，它们的存在通常被认为证实了这样一种观点，即宇宙中存在一种未知的物质，称为暗物质。很快，你还会再次听到关于这种物质的事情。

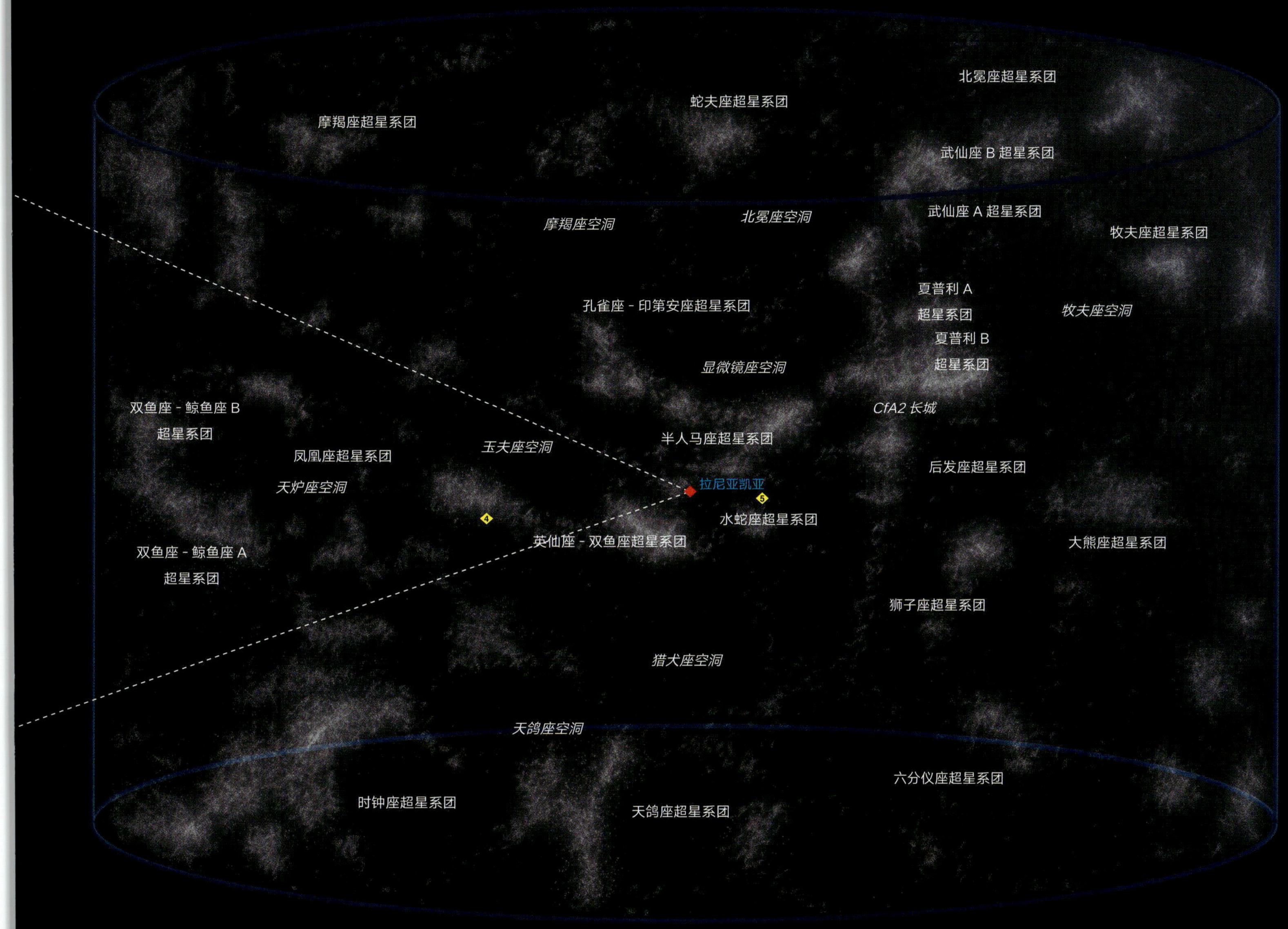

本超星系团

已知宇宙中最大的星系集合，是拉尼亚凯亚的邻居，英仙座 - 双鱼座超星系团。它的规模大到大概覆盖了北半球的一半天空。然而，其中的星系离我们太远，距离地球最近的也超过 2 亿光年，所以肉眼无法看到它们的光芒。

而现在，你正朝着这些星系（4）前进。

星系碰撞

你来到了英仙座－双鱼座超星系团中的第一站，正对着两个星系。从地球出发，以光速穿行，需要走 2.2 亿年才能到达这里。

较大的那个星系（靠上的）是由赫歇尔（没错，还是他）在 1784 年首次观测到的。较小的那个星系是 1891 年由法国天文学家纪尧姆 · 比古尔当（Guillaume Bigourdan）发现的。当然，赫歇尔和比古尔当都想象不到这些星系究竟有多遥远，也无法知道它们的真实形状。因为他们当时使用的望远镜无法得到像左侧这样清晰的图像，这是 2022 年由哈勃望远镜拍摄的七张图像叠加而成的。

宇宙中的星系是根据形状进行分类的，大多数星系可以分为两类：椭圆星系，比如第 85 页的 M87 及其巨大的黑洞，以及旋涡星系（包括棒旋星系），比如我们迄今为止见到的大多数星系。我们银河系就是一个棒旋星系。

不过，为什么呢？为什么这两种形状的星系在宇宙中占绝大多数？

为了回答这些问题，天文学家霍尔顿 · 阿尔普（Halton Arp）特别关注了那些不属于这两种常见形态的星系。他的观点是，这些所谓的不规则星系实际上是处于过渡阶段，可能正在变形，最终也还是会成为椭圆星系或旋涡星系。阿尔普将他的观测结果汇集在特殊星系表中，这个星表通常被简称为阿尔普星表（Arp）。

左图中的这两个星系就是表中的 Arp 298。

毫无疑问，你已经能认出那些熟悉的粉红色斑点了，它们都是正在诞生恒星的云团。尽管从这张图上看还不太明显，但你肯定能猜到这些星系彼此之间的影响。例如，小星系 IC 5283（位于下方）的一根细丝正脱离它，转而连接到大星系 NGC 7469，大星系正在将它慢慢吸引过去。

科学家在分析这次宇宙级的相遇，大致得出了上述结论。直到 2022 年 12 月，韦布望远镜在红外波段观测了这两个星系中较大的那个。

随后，一个惊人的光源出现在它的中心。

活跃星系核

韦布望远镜在红外波段下拍摄的图像（左图）显示，NGC 7469 星系的内核发出令人惊叹的强光。这种辐射的红外能量与我们银河系中所有恒星加起来（数千亿颗）差不多。这说明，那里应该存在一个超大质量黑洞，物质纷纷向其中坠落。这样的黑洞又被称为活动星系核（AGN）。我们观测到，有些 AGN 在以每小时 600 多万千米的速度喷射物质，形成类似于第 86 页中 M87 星系的喷流。

法国物理学家戴维 · 埃尔瓦斯（David Elbaz）还向我们展示，这些喷流可以延伸到极遥远的空间，有时甚至会猛烈撞击其他星系，在碰撞处引发大量恒星的诞生。

令人惊讶的是，被 NGC 7469 吸引的小星系（仅能在图片左下角看到一小部分）的中心似乎没有巨大的黑洞。对此，没人知道原因。

你已经知道韦布望远镜的衍射图样是独特的八角形，这可能来自银河系中的恒星（由于这些恒星离我们更近，亮度更高，可能会使传感器过载），或者来自坠入黑洞的物质。这张图像中，除了位于 NGC 7469 星系中心的黑洞外，还有三颗银河系中的恒星——这些就留给你自己去找吧。

这张照片中的其他所有物体都是星系。所以，假如宇宙真的有尽头，你离那里还远着呢。

再次审视一下地平线，你决定飞向一个看起来由四个星系组成的小亮团。这个小亮团位于大约 7 000 万光年之外，距离地球近 3 亿光年。

四个星系的五重奏

不过，这两张图片上其实有五个星系，不是我们说的四个，但其中一个星系与其他星系的距离完全不同。左上角的蓝粉色星系叫作 NGC 7320。它距离地球大约 4 000 万光年。其他四个星系距离地球大约 3 亿光年。这个组合的名字叫作斯蒂芬五重星系，纪念 1878 年在马赛天文台发现它的法国天文学家爱德华 · 斯蒂芬（Édouard Stephan）。就像你刚刚离开的赫歇尔和比古尔当发现的那对星系一样，斯蒂芬对这些天体的距离和性质一无所知。当时大多数科学家认为，这五个星系都是邻居。但事实并非如此。你现在的位置距离地球 2.5 亿光年，在这里只能看到四个橙色的星系。第五个星系远在你身后，位于地球和你之间。

左页的照片是哈勃望远镜在 2009 年发布的。这当然是一张静态图像，但其中还是能看到一些星星构成的丝状物，特别是在页面中间和顶部，给人感觉这些星系正在撕裂其中一部分星星，甚至中间的两个星系好像正在相互碰撞。

为了弄清楚到底是怎么回事，你在哈勃望远镜的图像上再叠加钱德拉太空望远镜在 X 射线波段的观测结果。一条巨大的弧线立即浮现出来（右图中蓝色的部分），说明这里是大量气体和尘埃在疯狂快速相互碰撞的地方。这张照片也是 2009 年拍摄的。

2022 年，韦布望远镜来了。

撞击和黑洞

这是 2022 年 7 月韦布望远镜观测到的斯蒂芬五重星系。

我们可以看到，右上方的三个星系之间的剧烈相互作用引发了规模巨大的物质运动，沿着厚厚的橙色丝状物产生了数百万颗新恒星。

在接下来的几页中我们会看到，这三个星系发出的光谱让我们知道了它们的速度，由此我们得知，中间的那个星系正在以超过每秒 900 千米的速度撞击其他两个星系。这次撞击将丝状物的尘埃加热到几百万度，在红外波段（这里由韦布望远镜捕获）和 X 射线波段（在前两页由钱德拉望远镜捕获）发出辐射。之后，三个星系将合为一体，但还需要几百万年的时间。在此期间，图片上还有些其他东西引起了你的注意，让你觉得有些不对劲，但你难以确定它是什么。

在哈勃望远镜和韦布望远镜的视角之间来回切换（也就是第 96 页和这一页），再将目光集中在众多尘埃丝状物上，似乎所有丝状物都能解释“它们正在发生碰撞”这个观点，只有上方星系中的那两个丝状物是例外。仔细观察你会发现，从星系中心散发出来的这两条尘埃线不是弧形的，而是一个向上延伸，另一个向下延伸。

这并非一眼就能看出来，因为这两个丝状物的颜色与其他所有丝状物都一样。假如你不确定自己看的是不是我们要找的那两个，就去找图上两个非常小的箭头，它们指示了两个丝状物的位置。

这些喷流肯定能让你想起什么。怎么样，想起来了吗？第 86 页上出现过类似的物质。你会不会想到：“这是个黑洞……”？假如真的想到了，那你想得完全正确。

上方星系的中心，有一个巨大的黑洞正在以极惊人的速度跨越天文距离喷射物质。

这个星系名为 NGC 7319，它包含的超大质量黑洞的亮度相当于 400 亿个太阳。韦布望远镜拍摄的另一张中红外波段的图像能让你更加确信这一点。

站在五重星系之巅……

由此我们确认，在 NGC 7319 星系的核心存在一个巨大的黑洞：受它吸引并加热的物质在红外波段下如此明亮，以至于生成了这种专属于韦布望远镜的新衍射图样。但它并没有妨碍韦布望远镜的仪器从特定方向收集光线。正因为如此，我们才得以确定围绕黑洞旋转的云和其中一个喷流中所含物质的光谱（也就是前两页图像里向上喷出的喷流，此处也能隐约看到）。

下页图表中总结了 2022 年 7 月发布的结果。

这是我们第一次分析遥远星系中心活跃黑洞周围的物质组成。

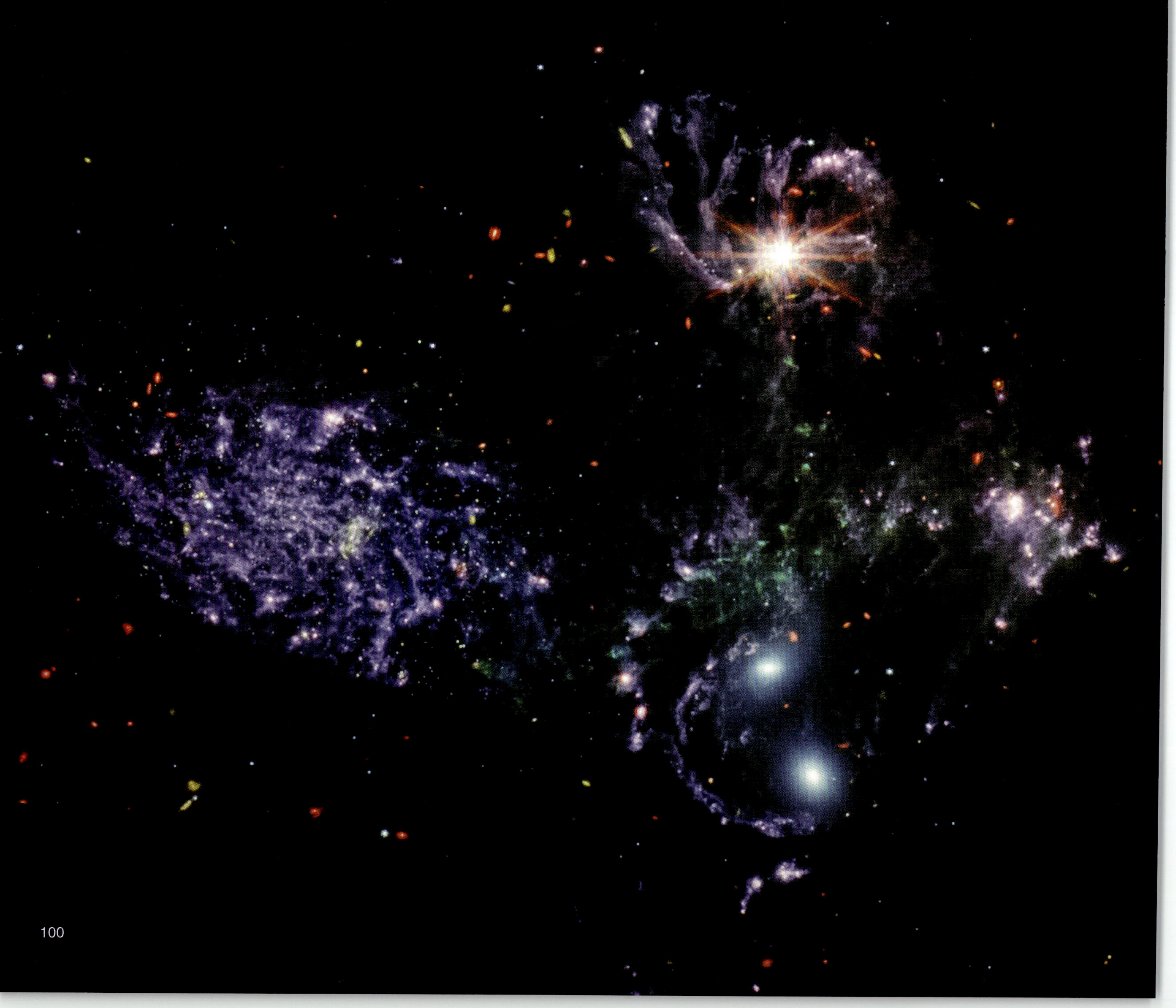

……黑洞的成分

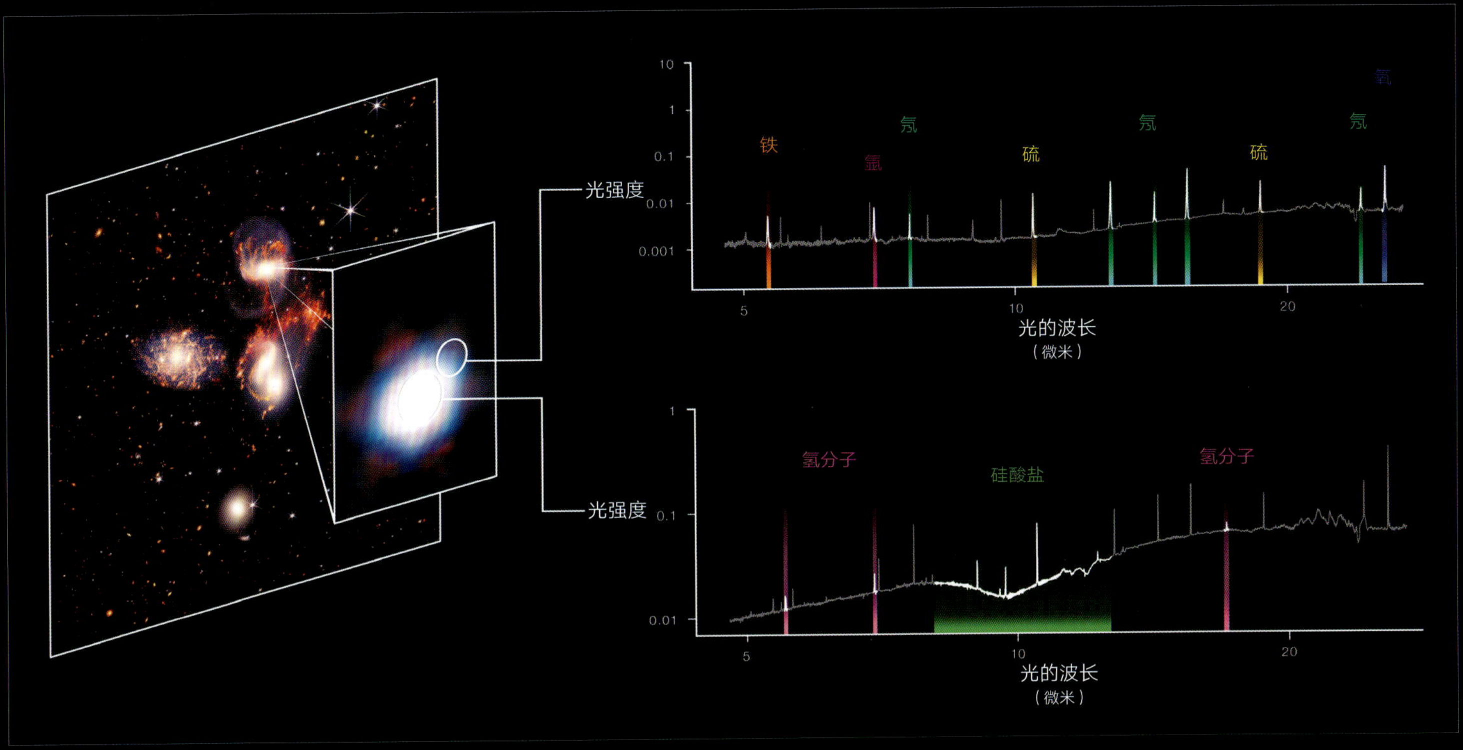

这是韦布望远镜做的光谱研究。

上面两个图表可能看起来非常专业，其实不然。很容易看出，某些特定波长上出现了峰值。科学家就是用这些波长与地球上已知物质的光谱进行比较。如果有一个或多个峰能够匹配上，就说明这些峰的来源可以确定。对于喷流来说（右上图光谱），可以识别出铁、氩、氖、硫和氧，但在靠近黑洞的地方（右下图光谱），则识别出了更复杂的分子。

像太阳的光谱一样，有时我们无法确定某些峰到底属于哪种元素或分子。鉴于我们还没有掌握地球上所有物质的光谱，即使出现陌生的峰，也不能确定它就是未知的外星物质，但也不能完全排除这种可能性。

无论如何，尽管距离我们数亿光年之遥，这个黑洞搅动的物质至少有一部分与地球上已知的物质相同，这也再次确认了自然法则的普遍性。

斯蒂芬五重星系离我们很远，非常远，但你刚刚看到的图像中散布的所有微小点状物表明，还有许多更为遥远的星系。

在前往这些星系之前，你不由自主地转身看了一眼那个十分吸引人的星系，仿佛它在呼唤你，仿佛它对你有着特别的意义。

站在地球表面看，这个星系刚好就在这张照片的中心（一个小箭头指示了它的位置）。它位于点缀着这张图的数千颗银河系恒星后面很远的地方。它的名字是 NGC 3256。你可以看到它有一簇类似流苏的结构，从左边向下延伸。为了看得更清楚一些，哈勃望远镜对准了它，拍摄了右页的这张图，当然这张图确实非常漂亮，但这并不一定能解释为什么你对它情有独钟。

这个星系（第 91 页图上标注了它为⑤）位于水蛇座超星系团和半人马座超星系团之间，距离我们 1.2 亿光年，从你观测的方向来看，它位于地球的另一侧。

这里的两张照片都是在 2018 年拍摄的。翻过右边这页就能看到韦布望远镜拍摄的照片。

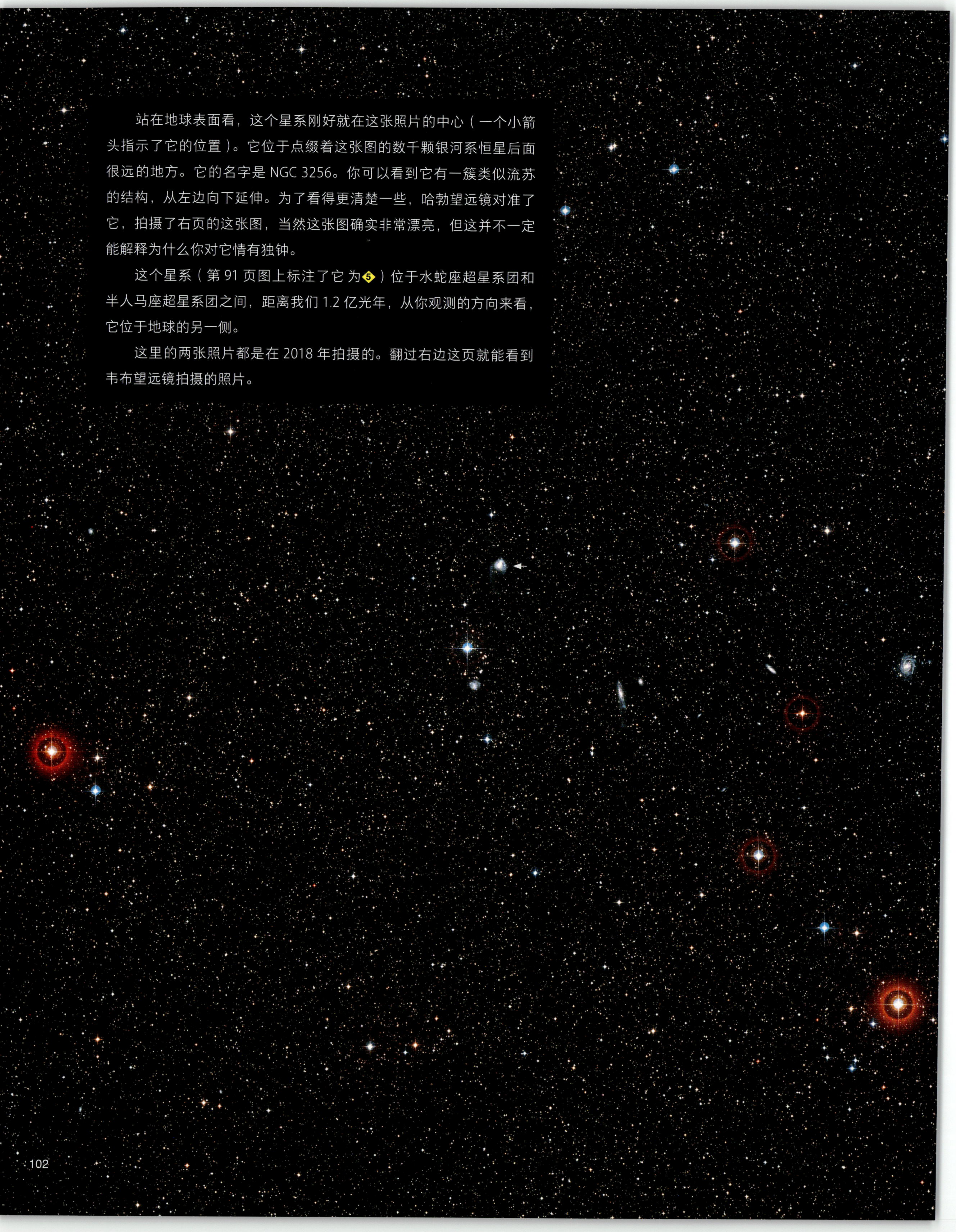

NGC 3256

星系的超活跃状态

乍一看，2023 年 7 月 3 日韦布望远镜发布的这张 NGC 3256 星系的红外波段图像似乎并没有什么特别之处。然而，你应该还记得红色和橙色代表什么吧，是年轻恒星急剧加热尘埃后发出的辐射，这样一来你应该很快就能明白，这个星系正处于全面沸腾状态。科学家确信，这里的年轻恒星数量如此之多，绝对是两颗星系碰撞的结果，而这场碰撞可能始于大约 5 亿年前。

你突然明白了为什么这个星系让你如此感动：在红外波段下，它看起来那么像我们的银河系。这样看，它就像银河系年轻的时候，包裹在一个蓝色的光环之中，这个光环是由无数恒星碰撞产生的，这些恒星在碰撞中被抛入太空，远离了主星系的活动。我们几乎可以在图像中看到这些恒星各自的身影。虽然其中一些可能已经消失，但有一些肯定仍然存在，并且可能有行星围绕它们运行。

从斯蒂芬五重星系附近凝视 NGC 3256，你不禁思考，我们的银河系是否也是碰撞的结果。从麦哲伦云、五重星系到 NGC3256 星系，你觉得星系碰撞在宇宙中并不是那么罕见。你突然开始担心，担心的不是银河系的过去，而是它的未来。

因此，你带着某种不安左右看去，竭力寻找一些能让你感到放心的景象。

几秒钟后，你看到夜空中闪耀着一个美丽的心形光芒，不禁松了一口气。心形总是让人感到安心。

银河系
的神奇命运

长触须的心

前一页中的黑白天体名为触须星系。这个名字来源于它们巨大的“触须”状结构，而不是它们构成的心形。

这里的星系一词是复数，因为在这张图中有两个星系，它们刚刚开始相互碰撞。

它们也是由赫歇尔发现的（没错，永远都是他），当时他还以为这是银河系中的一个可爱的小云团。现在你知道，触须星系距离地球有 6 500 万光年之遥，比他想的要遥远得多。

前一页的黑白图像是从地球表面拍摄的，而现在我们看到的这一张是哈勃望远镜从太空拍摄的。该图像发布于 2006 年，刚好在一组宇航员给哈勃望远镜安装了一台新相机之后，精度非常惊人。图中黄色部分是两个星系的旧核心，那里是整个系统中最古老的恒星之所在。新生恒星在图中则显示为蓝色，强烈的光芒照亮了孕育它们的育儿所。育儿所有成千上万个，在图中呈粉红色。之前在其他互相碰撞的星系中你就见过这类育儿所了，你也知道，它们是由气体和尘埃云的正面碰撞引发的。棕色的丝状物是曾经包围着两个星系核的巨大尘埃带，如今已经混合在一起，日后也将形成新的恒星。

触须星系（NGC 4038 和 NGC 4039）

狂暴之心

在离我们更远的地方，大概 5 亿光年处，哈勃望远镜发现了另一颗心，也就是另一对正在融合的星系。也就是下图，发布于 2006 年。这对星系名为 ZW Ⅱ 96。

其中一个星系的旋臂仍然可见，构成了右侧部分。另一个星系位于中心，较小，曾经也是旋涡星系，但现在不再是了。它的旋臂已经消失，变成了构成整个左侧部分的丝状物。相比之下，这个小星系显然受融合的影响更大，它的旧核心闪耀着强烈的白光。

韦布望远镜也拍摄了这次碰撞的红外图像，于 2022 年 11 月发布。

图像中呈橙色的是因尘埃云剧烈碰撞而形成的恒星育儿所，十分醒目。每年有超过一百颗恒星在这个核心中诞生。相比之下，银河系平均每年只有七颗新生恒星。

在这次碰撞中诞生的一些巨大恒星很可能已经爆炸并转变成黑洞。钱德拉太空望远镜在宇宙中的其他星系里检测到了成千上万个这样的黑洞。

仙女座星系与我们

韦布、哈勃和钱德拉这三个太空望远镜最初在设计时就不是为了观测相同波段的光线，而是相互补充，为我们观测同一目标提供不同视角，这有助于减少对观测结果的误解。这一点在探讨银河系可能的命运时尤其重要。

正如美丽的 NGC 3256 星系（第 102—104 页）展示出了我们银河系或许曾存在的过去，许多天文学家认为，你刚刚看到的这些星系之心就预示了银河系的未来——银河系与仙女座星系碰撞时将会发生的情景。

读到这些内容时，你不禁停下来思考一番。与仙女座星系碰撞？这真的是我们银河系的命运吗？这个想法让你感到极其不安。

现在你仍身处斯蒂芬五重星系附近，闭上眼睛，试图想象这场碰撞会是什么样子。就像一个接收了人类近年来所有数据的人工智能，你的大脑将这些数据转化为一幅画面，很快在脑海中浮现。那是地球夜晚的天空。

这是现在的图景，它迅速变化成另一幅画面，然后又切换成另一幅画面，组成一篇关于银河系未来的连环画。它展示了根据我们对引力的理解，未来数十亿年里我们的天空将会是什么样子。

1/7

银河系的未来

这是你脑海中首先浮现的图像。这是现在的夜晚，是我们在北半球秋季可以看到的天空。仙女座星系就在那儿，它在银河系边缘左侧，是图像中间附近的一个斜着的斑点。虽然现在这个斑点还很小，让人多少有些安心，但我们对它的光线进行的分析显示，它正以大约每秒 300 千米的速度向我们靠近。

2/7

37.5 亿年已经过去。即使飘浮在太空中，即使闭上眼睛，你还是被突然变得如此巨大的仙女座星系吓了一跳。情况远比前一张图像中显示的更可怕，但你不得不承认，这样的天空相当美丽。

3/7

一亿年后，你在天空中什么都认不出来了。仙女座星系和银河系的碰撞已经开始。

4/7

再过 5 000 万年，夜晚的天空将是这样。你不禁想知道，未来地球的居民将会发明什么样的奇特哲学来解释如此壮观的景象。

5/7

又过了一亿年，银河系和仙女座星系都处于各自的最后时刻，仍然单独可见。你带着难以言说的情感注视着它们。尤其是银河系，它现在似乎已经准备好拥抱仙女座星系了。

令人惊喜的是，你当初得知这场碰撞可能发生时心中产生的担忧，现在已经消散了。一般来说，星系碰撞不会摧毁恒星及其行星系统，因为它们之间的距离实在太大了。

然而，气体和尘埃云不同，这些物质体积巨大，无法避免碰撞。由此会引发新星诞生的狂潮，与此同时点亮这些云团。

6/7

从我们的时代开始，已经有50亿年在你的想象中过去了，你的内心现在燃起了一种自豪感。起初，我们的银河系是本星系群的第二大星系。现在不再如此了。虽然银河系最终不复存在，但我们现在是一个正在建设中的更为恢宏的星系的一部分。很快，它会变得更加庞大，因为你在行程伊始时访问过的三角座星系已经在逐渐靠近我们了。

7/7

你的未来之梦止步于上图的夜空景象，也就是 70 亿年后的情景。在如此遥远的未来，我们的太阳早已消失，地球也不再是我们今天所知的这个样子。白昼和黑夜，如果这两个概念仍然有意义的话，也将不再与太阳有关。如果人类仍然存在，他们将居住在另一颗行星、另一个世界。

头脑中浮现出这个想法时，一种忧郁油然而生。你睁大眼睛，发现自己仍然站在斯蒂芬五重星系附近，但你突然不想待在这里了。你想回家，重新看看你熟悉的天空，那里有白天和黑夜，有星星和太阳，有月亮和银河。你想在这一切永远消失之前重新审视一番，虽然它们还要在数十亿年之后才会消失。

你朝着银河系的方向望去，只见宇宙黑色的背景中点缀着一些几乎看不见的星系。

其中一个星系是属于你的。虽然茫茫不知其处，但你心中似乎还是有种预感，仿佛它向你发送了一种潜意识信号，指引你向它走去。你跟随直觉，折返原路，直指那个信号。星系飞逝，光年流转。你思考着我们银河系的未来，想知道在五六十亿年后，你是否还能认出它。

突然，另一个问题萌生于脑海。

就如宇宙中几乎所有星系一样，银河系的中心也有一个黑洞。它距离地球 26 673 光年，质量接近太阳的 400 万倍。仙女座星系也有一个黑洞。它比银河系的黑洞甚至还要大上 70 倍。两个星系相撞时，这两个黑洞会发生什么？它们会互相碰撞吗？

仿佛是在低声回应你的问题，一个星系开始在夜空中微微闪光。

这个星系巨大无比。于是，你偏离了路线，朝它飞去，开始用韦布望远镜观测它。

两个黑洞的碰撞

在阿尔普的特殊星表中，这个星系编号为 220。距离地球约 2.5 亿光年。

银河系内有数百亿颗恒星，其中绝大多数恒星的亮度都远不及太阳，但 Arp 220 星系中的恒星竟然如此明亮，光芒在宇宙中闪耀，亮度相当于银河系的一百倍。假如把我们的银河系放在它边上，那么在这张图里我们甚至都注意不到。或许即使能看见，也只是它中心的一个小点点而已。

可是，星系怎能如此明亮呢？科学家认为，要想出现这种现象，必须经过一次碰撞，只有两个星系的碰撞才能让云雾和气体以极大的速度对撞在一起，进而释放出强烈的辐射，形成如此之多的恒星。

2023 年 4 月 17 日，韦布望远镜发布了这幅图像。图中只有一个星系，但在很久以前，这里曾经有两个星系，它们的原始形态如今已经不再可见。这两个星系的碰撞始于 7 亿年前，现在已接近尾声。你看到的情景类似于银河系和仙女座星系最终会经历的过程。心形的星系是碰撞的开始，而此处的 Arp 220，还有前几页提到的 NGC 3256，表现的都是碰撞的结束。了解这些之后，下一个引人注意的便是中心的衍射图样了。

还记得韦布望远镜的观测波段吗？它专注于红外波段，因此这幅图像中所见的一切都是在红外波段之下的。衍射图样展示的是光源中亮度最高的地方，这个光源的能量相当于数百亿颗恒星的总和。

一个单独的黑洞或许也能产生这样的辐射，但这里有两个。两个巨大的黑洞直接朝彼此飞去。它们曾分别位于各自星系的中心，如今它们正在相互碰撞。这场碰撞加热了它们路过的一切，包括星系之间的宇宙空间，创造了这种耀眼的红外光。

在这张图像上，两个黑洞之间的距离有 1 200 光年，但这个距离正在迅速缩小。假如这个宇宙角落中现在还有人居住，他们真的应该考虑搬家了，趁着现在还不算太晚。“现在还有人”，没错，这个表述很微妙。对于居住在那里的人来说，这是过去的事情；对于我们这些只能看到这个星系 2.5 亿年前影像的人来说，这是未来的事情。所以，这一幅图景，贯穿着星系的过去、现在和未来。

一旦远距离太空旅行成为可能，我们就需要发明新时态了，不然目前的语法描述都不够用。而且得从小学就开始教这些时态，不然太多太复杂了，很难学明白。

不过你在这里需要担心的不是时态的变化，而是地球（或人类选择生活的其他宇宙家园）总有一天必须承受我们银河系的黑洞与仙女座星系黑洞碰撞的后果。思考这一问题时，你的注意力被一根丝吸引了过去。这是一根非常奇特的光之丝。

三体问题

那根光之丝在右侧的哈勃望远镜图像中是框内的白色痕迹。这张照片是几年前拍摄的，但最近一个科学家小组又把它重新找出来进行了分析。

在此之前，人们认为这条光之丝是宇宙射线造成的，认为它可能是一种超高能粒子撞击哈勃传感器产生的结果。但在第二次分析中，他们发现它的光谱与框内右上方的小斑点一样发生了红移，而那个斑点则是一个距离我们约 70 亿光年的星系。这条光之丝和那个星系，比你目前为止访问过的所有地方都远得多，而且它们之间也有联系。

科学家随后弄清了这根丝的本质。这个结论让他们既不相信自己的眼睛也不相信自己的脑子，但他们还是在 2023 年 4 月发表了结论。

星系中心通常只有一个巨大的黑洞，但有时候也会有两个，就像上一页的 Arp 220，两个星系合并的时候就会有两个黑洞。但在图中的这个星系里，一个黑洞都没有。为了解释这一现象，科学家推测这里可能曾经存在过三个黑洞。

这个星系或许就是三个星系合并的结果。对这个星系进行研究，或许可以揭示出假如三角座星系撞击仙女座星系和银河系，会发生什么。

想象一下，三个星系彼此靠近。它们的旋臂（如果有旋臂的话）会拉长，相互交织。尘埃云相互碰撞，新生恒星闪耀着红外光。星系核逐渐靠近，其中的巨大黑洞最终也会不可避免地靠近彼此。如果只有两个黑洞，它们迟早会合并。但这里有三个。

这就是著名的三体问题。

事实上，不存在真正稳定的轨道：在三体系统中，几乎总会有某一体被另外两体弹射出去，就像弹弓抛出一块石子一样。但在这里，我们所说的石子和弹弓变成了巨大的黑洞，因此弹弓本身也会向相反方向弹出。

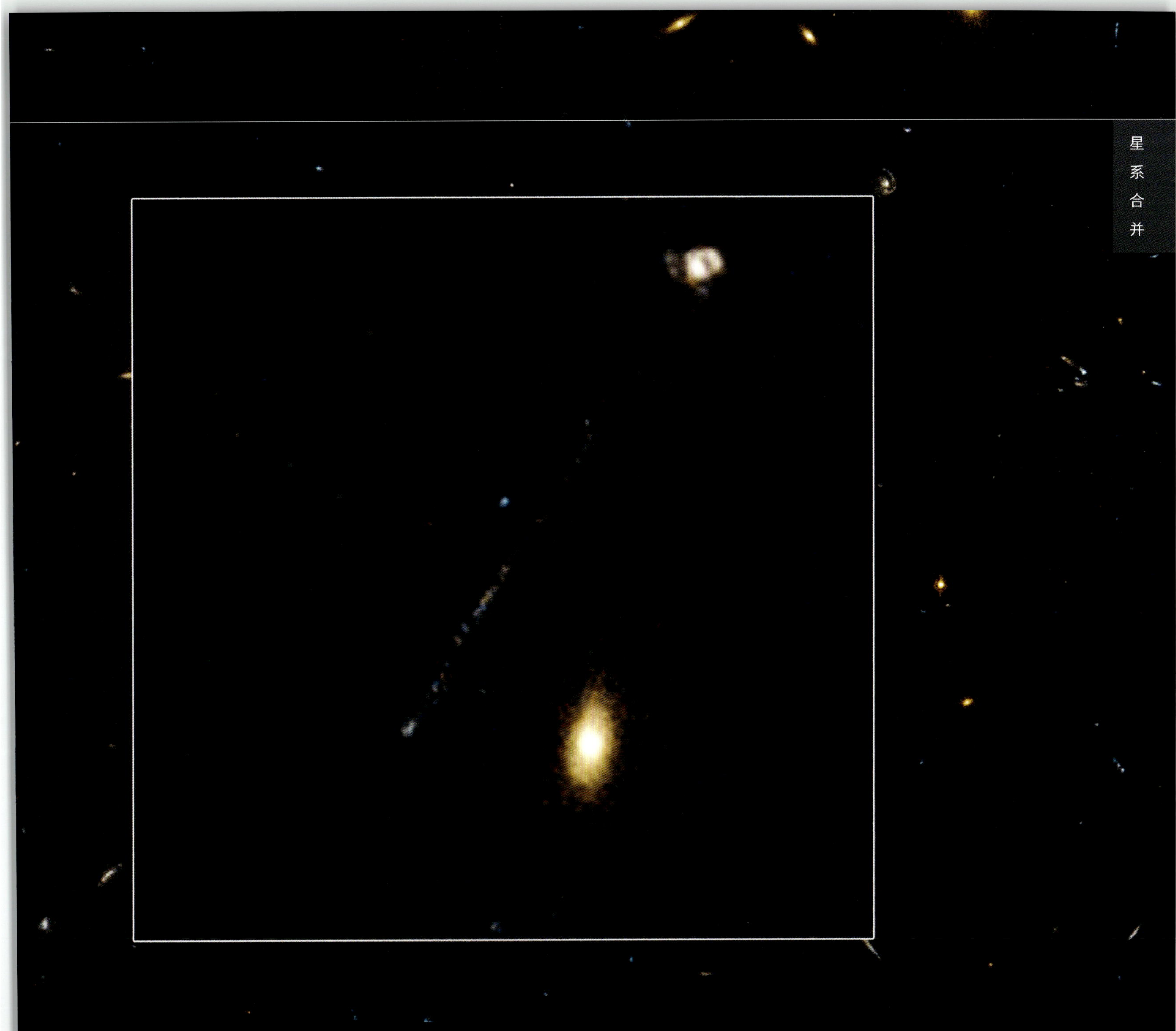

如果上面那个遥远星系的星系核确实发生了这样的事情，就可以解释为什么这个星系中间没有任何巨大黑洞了。它曾经有过三个黑洞中的一个或两个，但这些黑洞正在逐渐远离这个星系。

这就是那根光之丝。它的前方是正远离自己的星系向前行进的黑洞，一路激发出尘埃的旋涡，因为恒星正在其中诞生，所以那根尘埃旋涡形成的轨迹发出了光。

由此，你看到的这根丝就不是宇宙射线引起的了。

这是一条星流，在巨大无比又孤立无援的黑洞尾迹中焕发生机，或许这个黑洞就是被其他两个人类目前尚未发现的黑洞从星系中弹射出去的。想象一下，假如一个宇宙旅行者无意中遇到其中一个黑洞，会感到多么惊讶（以及恐慌），我强烈建议你在返回地球之前时刻保持警惕，留意一下前行的路程。

目前尚不清楚我们自己是否会遇上这种事，因为适用于三个超大质量黑洞的情形未必适用于两个黑洞。考虑到仙女座星系和银河系各只有一个黑洞，因此或许在三角座星系的黑洞与它们相遇之前，这两个黑洞会率先合并。

想到这里，你很想弄清楚黑洞到底是什么。

黑洞

发现黑洞

从牛顿开始

要摆脱天体的引力，你需要能量，但不一定需要很多。比如说，站在一颗小行星的表面，哪怕只是小小跳跃一下，就足以让你离它而去，永不落回。要离开地球则困难得多。你要么需要一枚火箭，要么就得至少以每小时 40 500 千米的速度向天空跳跃。要是起始速度没有超过这个极限，就无法到达太空，不管怎么跳，总会掉下来。我们把这个速度称为逃逸速度。逃逸速度只取决于天体的质量和大小。比如说，太阳的个头比地球大得多，质量也更大，它的逃逸速度是每小时 220 多万千米。这个速度非常快。人类制造的火箭无法达到这样的速度，但光可以。光以超过每小时 10 亿千米的速度传播，可以轻而易举地逃离太阳，这倒是个好消息，若非如此，我们就看不到太阳了。永远看不到。

18 世纪，有两位科学家设想了一颗天体，这个天体质量相当大，逃逸速度超过光速。任何接近它的物体都会被吸引过去，但不管光还是其他任何东西都逃不出来。要摆脱它，就必须比光速还要快，可这是不可能的。如果真有这样的天体，它只能是一个洞，因为所有东西都会掉进去，而且这个洞肯定是黑色的，因为它无法发出任何光。这样一来，它就是黑洞。

提出这一设想的两位杰出科学家是英国的约翰 · 米歇尔（John Michell）和法国的皮埃尔－西蒙 · 拉普拉斯（Pierre-Simon Laplace），但同时代的人都没有认真对待他们的理论，虽然他们两人都是基于当时最流行的牛顿引力定律进行推理的。

再加上爱因斯坦

这个想法其实没什么问题，但无论米歇尔和拉普拉斯，还是对他们提出批评的人，都不知道牛顿的理论并不适用于如此极端的天体。为此，我们需要一个更完整的理论，这个理论要能适用于宇宙中引力比我们周围环境更大的区域。这个理论是 1915 年爱因斯坦提出的。24 年后，罗伯特 · 奥本海默（Robert Oppenheimer，原子弹之父）和他以前的学生哈特兰 · 斯奈德（Hartland Snyder）证明，一颗巨星在生命末期爆炸时会以相当大的力量压缩核心，迫使其变成一个黑洞。然而，这一结论当时并没有引起太多的共鸣，直到 20 世纪 60 年代，也只有极少数科学家认为黑洞真的存在。大自然会创造出黑洞，这样的想法实在太离奇了。

直到人们开始通过实验观测到黑洞，情况才完全改变。虽然没有光可以从黑洞中逃脱，但我们今天知道了有很多种方法可以探测到它们。以下就是其中几种。

探测黑洞

第一种方法。在我们银河系的中心，有一颗名为 S1 的恒星，它有时会以超过每小时 1 100 万千米的速度绕着虚无旋转。一般来说，如果一个移动的物体在太空中不受干扰，它会沿直线运动，但 S1 不是这样。要让这样一颗质量巨大且速度极快的恒星转向，附近必须有相当于 410 万个太阳的引力。可是我们什么也看不见。

安德烈娅 · M. 盖（Andrea M. Ghez）和赖因哈德 · 根策尔（Reinhard Genzel）在十多年时间里研究了许多银河系中心恒星的运动，包括 S1，成功证明那里确实存在一个质量是太阳 4 152 万倍的超大质量黑洞。为此，他们于 2020 年获得了诺贝尔物理学奖。

第二种方法，是观测从黑洞中喷出的喷流，比如你在第 84 页看到的 M87 星系的喷流，又或者斯蒂芬五重星系中的某个星系（第 99 页）的喷流。只有巨型黑洞才能以接近光速的速度喷射出物质，形成这些喷流。新生恒星确实也能喷射物质（你很快就会看到），但它们的喷流无论在规模上还是威力上，都无法与黑洞相比。对于黑洞来说，喷流可以达到一个星系那么大，有时甚至更大。

第三种方法，扫描宇宙，寻找 X 射线和伽马射线源，这些射线是所有电磁波中能量最高的，因为它们是物质向黑洞坠落的过程中，加热到数百万度时辐射出来的。

自 2015 年以来，我们有了**第四种方法**，即探测两个黑洞融合时引起的时空波动。这样的波动又被称为引力波。2017 年，引力波探测的成果获得了诺贝尔物理学奖。我们稍后会进一步讨论。

最后，自 2019 年以来，出现了**第五种方法**，即拍摄照片。尽管鉴于黑洞的本质，我们无法直接观测到它，但如果是巨型黑洞，那么我们可以看到它周围形成的尘埃盘。这种方法已经使用了两次。第一次是 M87 星系中心的照片，拍摄于 2019 年。第二次是我们银河系中心的黑洞照片，拍摄于 2022 年，见右页。这是我们第一次看到这个黑洞。它名叫人马座 A*。

这就是我们银河系的黑洞。

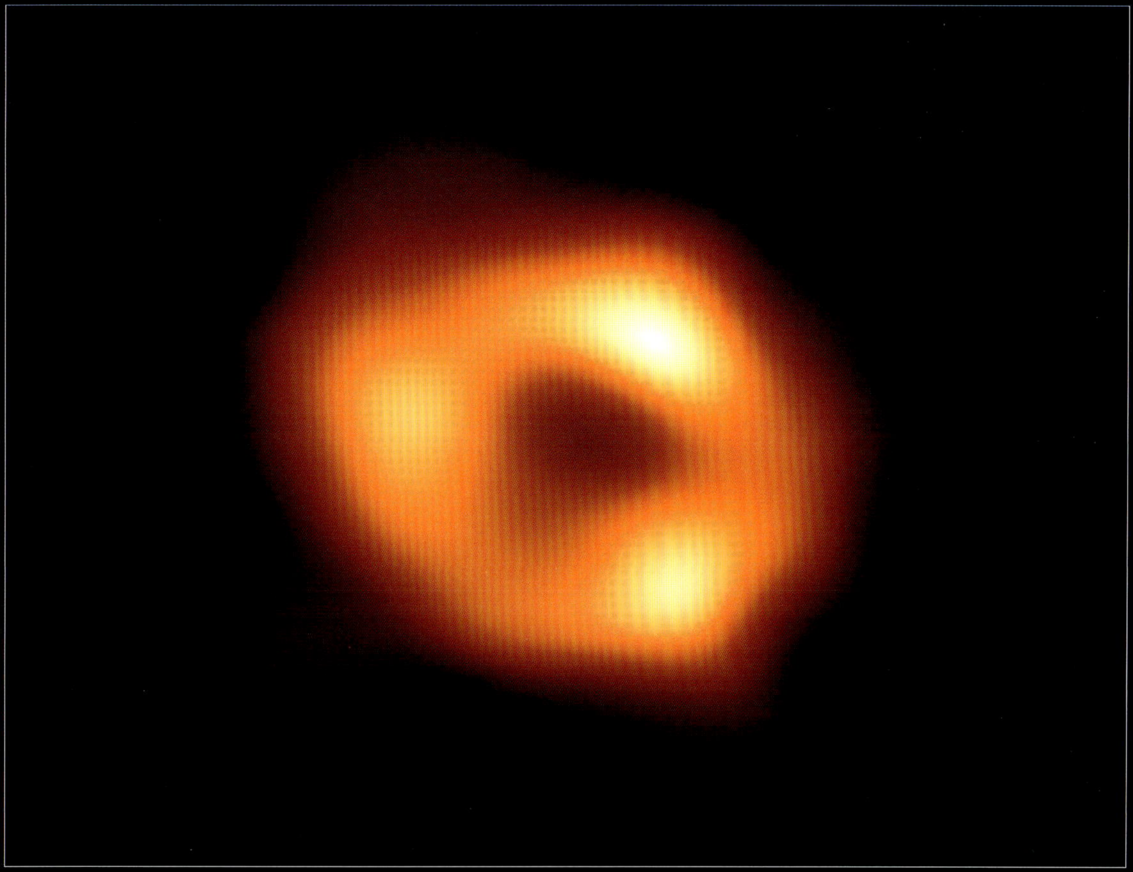

黑洞的大小

从外部看

黑洞的大小从外部看和从内部看是完全不同的。我们最了解的黑洞是那些巨大恒星死亡时产生的黑洞。巨星爆炸时，会抛出表面物质，并将核心压缩到极限。我们称它们为恒星质量黑洞。它们的质量在太阳的十几倍到几百倍之间。但它们并不是最大的黑洞。

我们一般把黑洞的边界定义为任何物质或光都无法逃脱的区域，这个边界被称为黑洞的视界。黑洞的视界并不是一个真正的实体表面，而是一个将内部和外部分隔开的界限。对于最巨大的黑洞来说，我们有可能在不知不觉中穿越这个边界。然而，对于较小的黑洞来说就不行了。穿越这个边界时会感受到明显的变化。

研究表明，黑洞的大小总是与其质量成正比，每增加一个太阳质量，直径增加 5.8 千米。

因此，为了让我们的太阳变成黑洞，就必须将整个太阳压缩成直径 5.8 千米的球。如果要让地球也变成黑洞，就必须将地球压缩到一个小核桃的尺寸。就算杞人忧天也大可以放心，因为这种情况在短时间内不会发生，无论太阳还是地球都是一样。至少据我所知，这种事情是不会发生的。

从内部看

钱德拉望远镜在 M74 星系的旋臂上探测到的一个黑洞，质量是太阳的 1 万倍，也就是对应了一个直径为 58 000 千米的球体。这个直径是从外部看到的它的视界直径。但从内部来看，情况则完全不同。

黑洞的内部有点像一个没有底的袋子，这也更加令人困惑。因为向下延伸的不再是空间，而是时间。穿过黑洞视界时，就像把手伸向未来。你的手越深入黑洞内部，它就越进入未来。这也就是为什么你一旦把手伸进去就没法再抽回来：抽回来就意味着把手送回过去。没有什么东西能逆转时间，所以也没有人可以掉进黑洞然后再回来告诉我们他看到了什么。

黑洞的分类

根据黑洞的大小，可以将它们分为四类。

首先是最小的黑洞，小到微不足道，比一个原子还要小得多。这些黑洞可能形成于宇宙历史的早期阶段。我们称之为原初黑洞。原初黑洞可能数量很多，但我们从未探测到它们。一个都没有。事实上，我们甚至不确定这种黑洞是否真的存在。

接下来是恒星级黑洞，直径在几十到几百千米之间。钱德拉卫星等探测装置可以帮我们估计它们的数量，似乎每个星系中都有上亿个恒星级黑洞，就连我们的银河系也是一样。我们还远远没有全部发现它们。

中型黑洞的质量大约是太阳质量的几千到几十万倍。神奇的是，这种黑洞相当神秘，我们根本不知道它们到底是如何变成这种大小的。与原初黑洞不同的是，我们已经观测到了这种黑洞，尤其是 M74 星系的中型黑洞（第 74 页）。这种黑洞可能是数百个恒星级黑洞融合而成的。

最后还有巨型黑洞，也就是超大质量黑洞，它们的质量至少是太阳的一百万倍，可能还会更大。我们已经探测到了很多这样的黑洞。几乎每个已知星系的中心都有一个超大质量黑洞。迄今发现的最大黑洞质量超过太阳的 500 亿倍。

如果地球是一个黑洞，
和蜜蜂相比，
它大概就是这么大。

探测小型黑洞碰撞……

巴黎时间 2015 年 9 月 14 日 11 时 50 分 45 秒，人们首次探测到两个黑洞发生碰撞。这次碰撞持续了 0.2 秒。

信号来自蛇夫座超星系团所在的区域，距离我们 10 亿光年。在第 91 页“本超星系团”图上位于图片顶部。这个信号不是光波，而是时空波，也就是以光速传播的引力波。爱因斯坦在一百多年前就预言了它的存在。人类知道引力波的存在已有数年，但从未亲眼见过。雷纳 · 韦斯（Rainer Weiss）、巴里 · 巴里什（Barry Barish）和基普 · 索恩（Kip Thorne）成功探测到了引力波，因此获得了 2017 年诺贝尔物理学奖。

通过这种方式，我们已经在宇宙各处观测到了数十次恒星质量黑洞的碰撞，最终这些黑洞的质量会达到几百倍太阳质量，这也证明了黑洞相撞时会合并、变大。

……和巨型黑洞碰撞

对于质量在 100 万倍太阳质量以上的巨型黑洞来说，当前的引力波探测器无法帮我们观测到任何东西。因为它们合并时释放的时空波频率太低了。以当前的技术，还需要再进步几十年我们才能达到能探测到它的灵敏度。而且，不论各个方向应该都能观测到这种现象，因为早在宇宙初期，无数巨型黑洞就已合并，这一过程让宇宙获得一种能量，触发颤动。时至今日，这种能量通过时，我们的空间和时间仍会以极低的频率发生振动。

实际上，为了验证这个想法，一群科学家正在持续观测一些特定恒星核心的超快闪烁，或称脉冲星。这种天体犹如灯塔一般照亮宇宙的深处。脉冲星每秒自转几千次，引力波的通过会使它们本来规律的脉冲在极短瞬间内产生变化。

20 世纪 70 年代，拉塞尔 · 赫尔斯（Russel Hulse）和约瑟夫 · 泰勒（Joseph Taylor）利用脉冲星证明了引力波的存在：理论预言，两颗脉冲星围绕彼此旋转时会产生引力波，旋转速度也会相应减慢。赫尔斯和泰勒发现了一对脉冲星，确认它们的旋转速度正在减慢，由此获得了 1993 年的诺贝尔物理学奖。

接下来，我们的观测目标不再是脉冲星对，而是孤立的脉冲星，观测目的不再是探测它们自身的波动（它们自身并不发射引力波），而是探测来自宇宙深处时空的波动，这些波动会扰乱脉冲星的规律性。15 年过去了，科学家一直在全宇宙监测脉冲星，寻找低频引力波的迹象，这些波动会瞬间减慢它们的脉冲节律。

2023 年 6 月 28 日，科学家宣布了研究结果：已经探测到了引力波。数以百万计的时空波穿过宇宙，无时不在，无处不在，也包括此时此刻的你我。我们的宇宙以引力背景噪声的节奏振动，影响了脉冲星的旋转。

这些波是由巨型黑洞的碰撞引起的吗？现在下结论还为时过早，它们也可能是来自宇宙大爆炸本身，或者是其他尚未可知的现象，抑或是以上三者的组合。无论如何，这都令人无比兴奋，尤其最近我们关于黑洞的发现层出不穷。

这幅图中，两个小黑洞即将合并，它们正在吞噬由第三个巨型黑洞加热的尘埃盘。我们可以看到远处这个巨型黑洞。

尽管我们的望远镜还无法拍摄出像上图这样的照片（这是以艺术家的视角绘制的），但它们已经改变了我们对现实的认识。在不离开地球的情况下不断探索时空，获得图像，我们得以确定支配宇宙的法则，看到我们居住的宇宙也有自身的历史，有古老的起源，还在随时间推移而演变。

这是人类的两大非凡成就——发现自然界的法则，揭示宇宙的历史。现在我提议，探索它们吧，以光之名。

光谱的力量

简要概述

在本书的第一章里，你已经知道了由原子组成的物质可以通过电子去吸收或发射光线。

电子从一条轨道跃迁到另一条轨道时需要能量。这种特定的跃迁能量不取决于电子本身，只取决于电子所在的物质。

这种能量可以通过多种不同的方式提供，比如热或光。但是，电子在释放它们吸收的能量时——最终必然会这样——总是采用辐射光的方式。因此，每次电子跃迁都会对应一条专属于它的光线。

如果你发现一个物体的颜色会随温度而变化，那是因为随着温度的升高，可用能量增加，电子得以在更大的范围内进行跃迁，辐射出能量越来越强的光线。

一个物体能够发射出的所有光线被称为发射光谱（你肯定还记得吧）。这个物体可以吸收的光线则构成了它的吸收光谱。

我之所以在这里提醒你这些内容，是因为这些光谱不仅能让你了解光本身——这一点你已经知道了——还能了解星系的速度，引力的本质，以及我们宇宙的历史。

如你所见，氢原子的光谱是所有光谱中最简单的，因为它是唯一一个只有一个电子的原子。其他原子和分子的光谱则要丰富得多，复杂得多。

例如，一个铁原子有 26 个电子，因此它能发生的电子跃迁非常多，每个跃迁都对应着一种可以吸收以及随后重新发射出去的光。你可以自己比较氢原子和铁原子光谱的可见部分，如右图所示。

到此为止没有什么新东西，你在旅程开始时已经见过了，甚至在实践中也已体验过了：科学家正是通过识别来自斯蒂芬五重星系黑洞周围光线中的已知光谱，才确定了那里有什么（特别是铁元素）。这是第 101 页的事情。

在韦布望远镜横空出世之前，还没有哪个望远镜有这样的观测能力和灵敏度，能够捕捉到如此遥远的物质发出的红外光。

氢原子

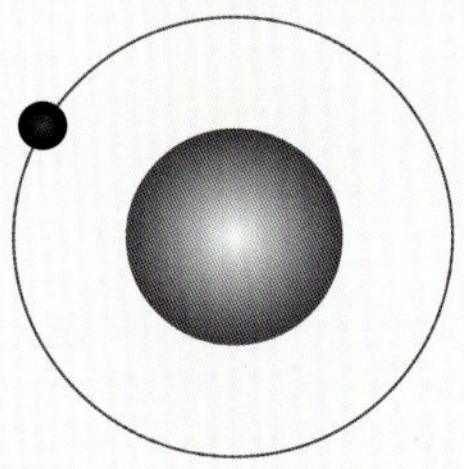

铁原子的电子数量远多于氢原子（铁有 26 个电子），因此能发生的跃迁也更多，光谱上也会有更多线条。你可以在此比较它们发射光谱的可见部分。

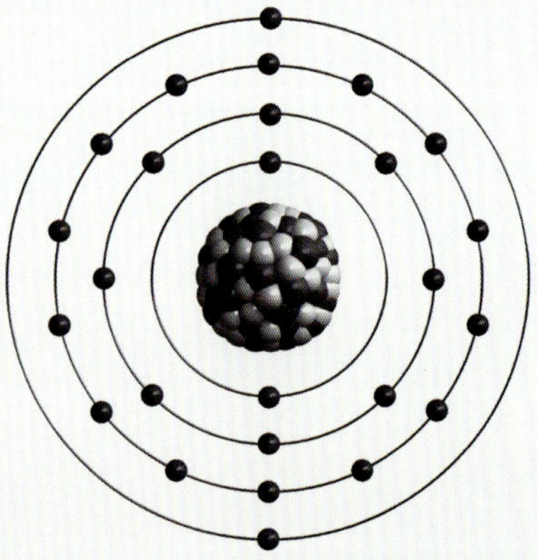

铁原子

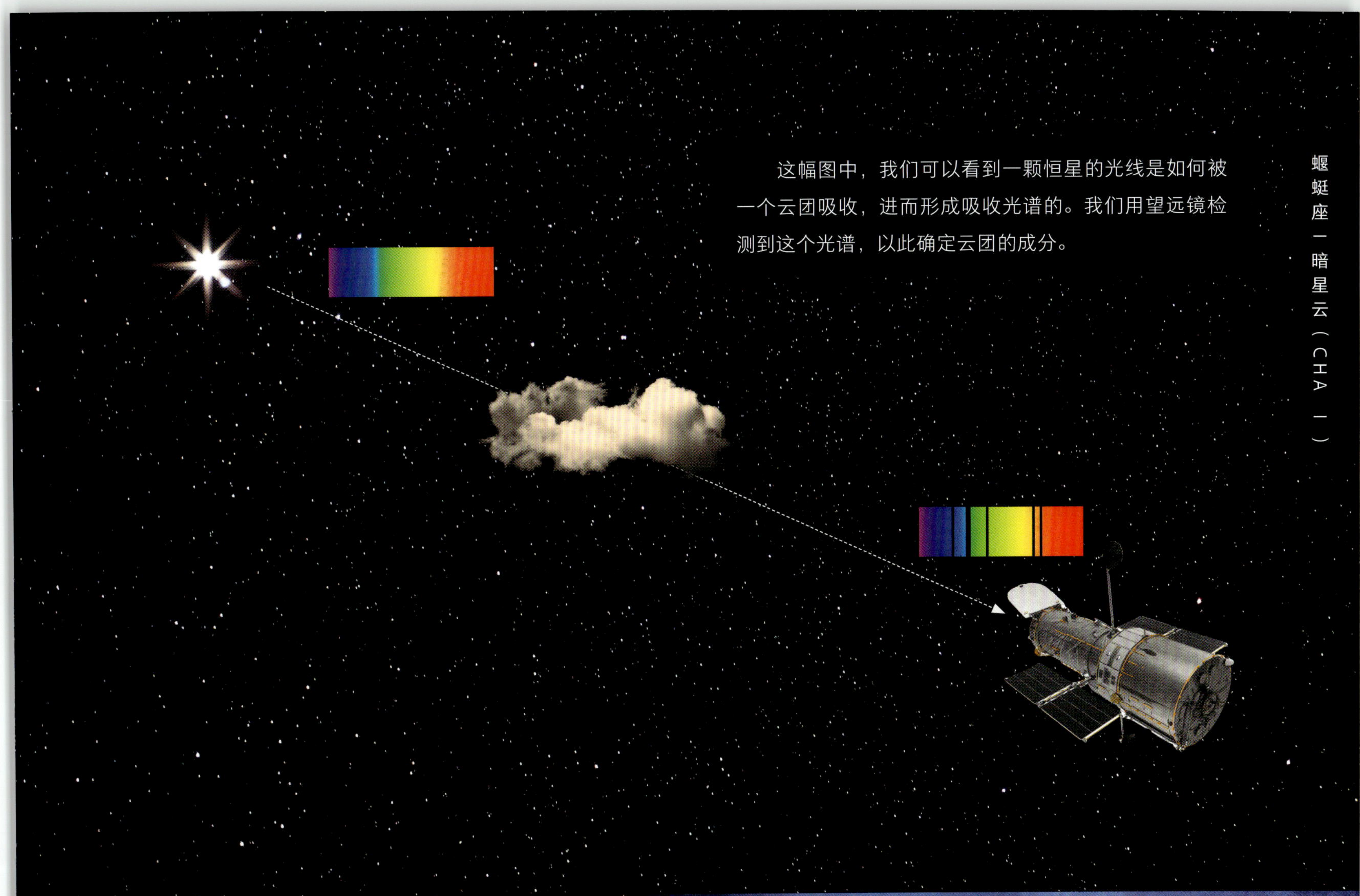

这幅图中，我们可以看到一颗恒星的光线是如何被一个云团吸收，进而形成吸收光谱的。我们用望远镜检测到这个光谱，以此确定云团的成分。

这个云团距离我们 630 光年，本身并不发光。这是一个名为蝘蜓座 I 的暗星云，后面的橙色恒星用红外线照亮了它。韦布望远镜通过检测星云吸收的波长，成功识别出许多此前从未在宇宙中这样黑暗寒冷的角落里检测到的分子。这张照片发布于 2023 年 1 月 23 日。

速度的颜色

光谱是一种了不起的工具，能帮我们确定宇宙中的物质组成。不仅如此，它还能告诉我们很多其他信息，比如天体的速度和天体与我们之间的距离。

原理是这样的。

你可能已经注意到了这种现象，消防车在靠近我们时和远离我们时，发出的警报声是不一样的：声音会从高音变为低音。

声音是一种波，能在空气中传播。
声波的波峰靠得近时，就是高音；
波峰相距较远时，就是低音。

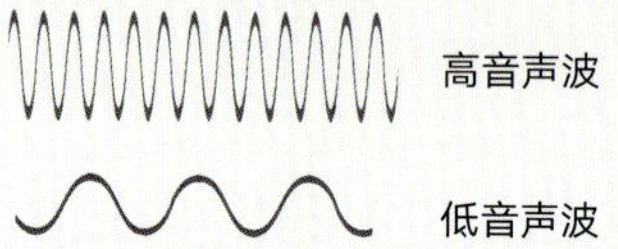

声音的速度只取决于声波传播的介质，与声音是高音还是低音无关。无论消防车是向我们靠近还是离我们而去，警报声在空气中传播的速度都是相同的。消防车的运动不会加速或减慢声音的传播速度。它影响的是声波波峰之间的距离，进而影响声音的音调。这就是所谓的多普勒效应。

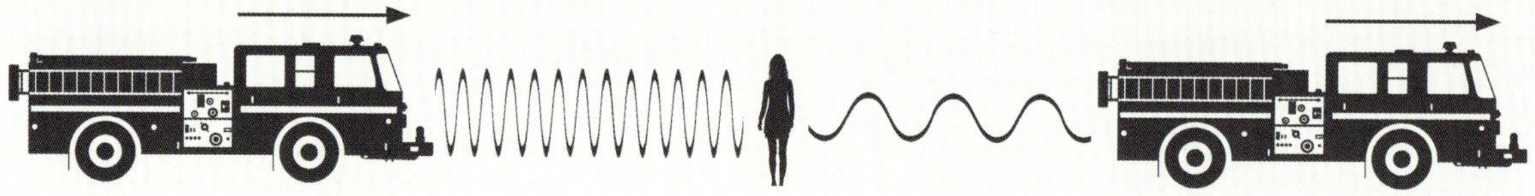

有了多普勒效应，我们只凭听声音就能确定一辆汽车的速度，或者任何运动中的有声物体的速度。

这种效应不仅适用于声音，也适用于光线。天体向我们靠近时，光谱会向蓝端移动，叫作蓝移；天体远离我们时，光谱会向红端移动，叫作红移。通过测量这种光谱的移动，科学家得以确定天体的速度和它们相对于我们的运动方向。这种技术帮助我们测量宇宙中恒星、星系等天体的速度，以及它们与我们之间的距离。

为了确定远处的恒星是在向我们靠近还是远离，也许只要听听它们的声音就可以了。恒星终其一生都在通过热核聚变反应不断融合原子，肯定会发出巨大声响，这种声音的音调高低会随恒星接近或远离我们的速度而变化。这个想法没错，但只可惜，太空中没有声音。声音需要介质来传播，可太空里没有介质。因此，宇宙是寂静的，声音的多普勒效应对于我们了解恒星的速度来说毫无帮助。这也不是说我们就无从下手了，因为多普勒效应不仅适用于声音，而且适用于所有波，包括能在太空这种真空环境里传播的光波。对于光，我们谈的就不是音调的高低了，而是颜色的变化，也就是变得更蓝还是更红。

跟声音一样，光速总是相同的，光源不会向前发出速度更快的光，也不会向后发出速度更慢的光。光源移动得越快，它的波就会越向前压缩，向后拉伸，从光谱上来看，光波在前方变得更蓝，在后方变得更红。

专业术语跟我们看到的现象是一致的：颜色变红时，我们称之为红移，颜色变蓝时，我们称之为蓝移。光波可以通过红移变成红外线，再之后是微波和无线电波。同样，也可以通过蓝移变成紫外线，再之后是 X 射线和伽马射线。即使超出了可见光谱，我们仍然使用红移或蓝移这样的术语。

远处星系的速度

要确定一个天体的运动，只需获取它的光谱即可。识别其中和氢之类元素对应的特征线，将波长与我们在地球上的已知波长进行比较。如果所有波长都变短，换句话说，天体的颜色都向蓝移，那么就是在靠近我们。如果所有波长都向红移，那么天体就是在远离我们。

天体的运动速度可以通过波长偏移的幅度来确定，这可以非常精确地测量出来。

在太空中，这种测量速度的方法百试百灵，对所有天体都适用。我们可以知道行星绕恒星转的速度，恒星相对于我们的速度或相对于其他恒星的速度，星系相对于我们的速度或相对于其他星系的速度。多普勒效应是一种很厉害的工具。

通过研究光谱，我们发现斯蒂芬五重星系中有一个星系正以每秒 900 千米的速度向另外两个邻近星系冲去。也是利用多普勒效应，我们了解到银河系正以每秒 300 千米的速度接近仙女座星系。一般来说只通过观察颜色，在一张静态图像上测量速度似乎是不可能的，但是多普勒效应让它成为可能。

20 世纪的天文学家对此兴致盎然。突然间，了解整个宇宙的运动成为可能。只需将望远镜指向每一个要研究的恒星或星系，然后将它们的颜色与地球上已知的光谱进行比较，就可以确定所有你希望了解的天体速度。结果很快就出来了。

银河系中的恒星什么类型的都有。有的在向我们靠近，有的在与我们远离。

附近的星系也是如此：有些星系在靠近，有些在远离。

到此为止，一切看起来都很正常。天体相互绕行，没有什么特殊的运行方向。

但是，一旦你开始观测更遥远的星系，就会发现一切都变了。

遥远的星系本应具有相同的颜色……

埃德温·哈勃（Edwin Hubble）叼着烟斗。

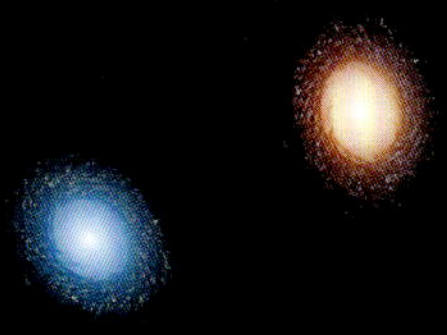

但星系远离我们时，我们会看到它们变红，靠近我们时，则会变蓝。

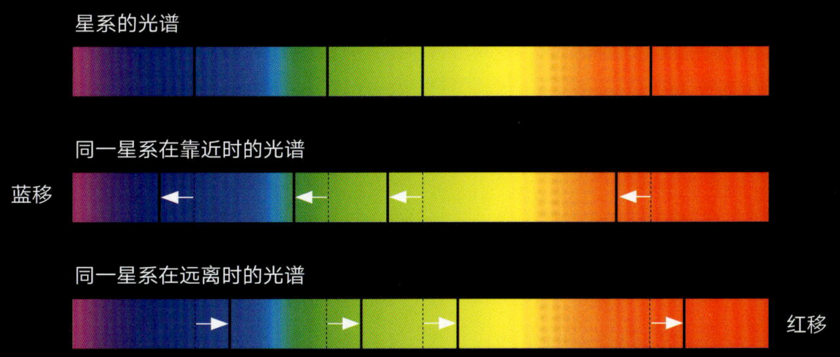

光的多普勒效应

水星问题

发现海王星

1687年，牛顿发表了万有引力理论。大家对此兴奋不已，因为我们终于可以预测地球和天空中所见的所有运动了。我们能知道火星和金星明天会在哪里，知道何时会发生日食和月食，也知道该怎么造大炮。未来看起来一片光明。

然而，随着时间的推移，人们发现离太阳最近的行星——水星，并不完全符合牛顿的理论。它围绕太阳的运行轨迹与用牛顿万有引力定律预测出来的不完全一致。虽然误差很小，但总归是有误差。这一发现引发了不小的恐慌，但同时也有一线希望：类似的问题在天王星上也曾经出现过。赫歇尔发现天王星之后，许多天文学家观测到天王星的实际轨迹与牛顿的理论预测不符。既然牛顿不可能出错，有两位科学家基于此提出了一个与众不同的假设：一定存在一颗未知的行星扰乱了天王星的轨迹。这一假设非常大胆。但事实上，这颗为了使牛顿定律不被质疑而引入的行星，这颗此前无人见过的行星，真真切切确实存在。1846年9月23日至24日夜晚，约翰·戈特弗里德·加勒（Johann Gottfried Galle）在柏林的天空中首次观测到了它。我们如今称之为海王星。在海王星发现后，两位预言过它存在的物理学家之间爆发了一场谁先谁后的争论，一位是来自英国剑桥的约翰·库奇·亚当斯（John Couch Adams），另一位是来自法国巴黎的于尔班·勒韦里耶（Urbain Le Verrier）。最终，法国人勒韦里耶胜利。这一判决从未得到过亚当斯的广大英国同胞的认可，有人认为这也可能是导致174年后英国脱欧的原因之一。但现在让我们把政治先放在一边，回到水星的问题上。

天文学家花了近70年的时间，想要用类似于解决天王星轨迹问题的方式来解决水星轨迹问题——寻找一颗扰乱水星轨迹的行星。但是显然没人能找到它，这反而是件好事，因为本来就不存在这样的行星。水星的问题跟天王星不一样，而且它更高级一点。因为它涉及引力的本质。

牛顿
万有引力之父

于尔班·勒韦里耶和约翰·库奇·亚当斯
两位海王星预言之父（可能也是英国脱欧之父）

改变我们对宇宙的看法

尽管没有解决水星问题，牛顿定律仍然是非常有效的公式（现在仍然如此）。它为我们解释了物体和天体如何通过引力相互作用，也由此解释了地球是怎么日复一日将我们牢牢钉在地面上的，解释了我们晚上为什么都躺在床上，而没有飘在天上。但它并没有告诉我们万有引力为什么存在。

要揭示这个秘密困难重重，因为这意味着要质疑我们自以为了解的关于现实的一切。

牛顿想象的宇宙与我们的直觉几乎完全一样。地球、月亮、太阳，以及所有其他天体，在宇宙中运动，处于一个不变且可能是无限的空间内。宇宙中的一切都是由一个宇宙之外的时钟调控的。因此，空间和时间对所有人来说都是一样的，无论你身在何处。

几个世纪以来，这种看似毫无漏洞的说法说服了所有人，直到1915年，一个年仅36岁的年轻科学家发表了一套比牛顿更深刻的引力理论。这一次不仅仅是公式而已：它解释了什么是引力，甚至解释了牛顿定律的起源。这位科学家的照片在右侧。这个人相当有名。照片右下角写着他的名字（不是München，那个词是慕尼黑的意思）。

火星
金星
太阳
水星
地球

爱因斯坦的奇特方程

关于引力的新理论

这个人的名字叫阿尔伯特·爱因斯坦。他在1915年发表的引力理论中提出，假如把宇宙中所有物质都移除，那么将只剩下一种织物，它充满一切，保证宇宙中各处的整体统一性。但是这种织物看不见摸不着，因为它是由空间和时间构成的。

到此为止，这个观点还算好理解。不管这块织物的构成有多奇怪，也只是在牛顿的宇宙上额外加了个东西而已。但与牛顿的空间观不同的是，爱因斯坦的这种织物与宇宙的其余部分是不可分割的，它与物质、光和能量相互作用。这是一个新概念。在牛顿看来，宇宙大体可以看成一个称为空间的容器，它的外部是时间在起作用，时间和空间都不会改变。对爱因斯坦而言，这个容器由空间和时间构成，二者可以（甚至必须）围绕着宇宙所包裹的一切而变形。

爱因斯坦的宇宙织物必须围绕着物质和能量弯曲。容器和内容之间不再相互独立。恒星、行星、石头，甚至我们自己，都在扭曲时空。这种扭曲甚至是可以感受到的，因为这就是我们称之为引力的东西。我们之所以固定在地球表面，是因为我们正沿着地球在时空中创建的曲线滑行。

同样，如果地球绕太阳转动，那是因为它沿着我们的恒星在时空中创建的曲线滑行。

爱因斯坦认为，牛顿的引力并不存在。存在的只有曲线。这是一个大胆的假设，但也未尝不可。毕竟没有人知道引力究竟是什么，所以，所有的可能性都是开放的。现在我们需要做的是证明这种观点的正误。

为此，爱因斯坦在他那个除了时空织物之外什么也没有的宇宙中引入了一颗恒星。只有一颗。他将这颗恒星浸润到时空的织物中，时空各个方向都围绕着它弯曲。

爱因斯坦闭上眼睛，在脑海中注视着这颗恒星闪耀了一会儿，但显然没有什么特别的事情发生，于是他引入了第二个天体，一个较小的天体，比如说一颗行星，他将它放置在靠近之前那颗恒星的地方。宇宙的织物也开始围绕着这颗行星在各个方向上弯曲，但比围绕恒星的弯曲稍微少一些。然后，奇迹发生了。两个天体开始移动，它们沿着各自在时空中创造的斜坡滑向彼此。

接着，爱因斯坦计算了像地球这样的行星在太阳这样的恒星弯曲的空间中的轨迹，他发现的轨迹与牛顿发现的地球轨迹完全相同。对于火星、金星、木星和其他行星也是如此。一切都很完美。即使对于天王星也是一样，它奇怪的轨迹也还是需要用海王星来解释。一切都和牛顿理论相符。除了水星。水星有一点不同。爱因斯坦的轨迹与牛顿的并不一致，而是与我们在天空中实际看到的一致。不需要添加新的行星来解释。水星的实际运行轨迹确实是沿着太阳在时空中创造的曲线进行。

爱因斯坦看到这个结果时，可能会感到一丝兴奋。实际上，我们再也不需要利用类似牛顿的引力理论来解释天体的运动了。宇宙结构的变形足以解释一切。这让我们祖先对现实的所有想象都受到了质疑。

在牛顿看来，我们的宇宙始终保持自身的一致性，没有任何事物会对它产生影响。

在爱因斯坦看来，宇宙的织物可以扭曲，可以改变。波可以穿过它，时空的波可以存在。更大的问题是：如果宇宙可以改变，那么它就可能有历史，甚至可能有起源。

自此，从这一页开始，到你的整个旅程结束，这之间你所看到的一切、发现的一切，无论是直接的还是间接的，都是爱因斯坦的观点带来的结果。这一观点我们称之为广义相对论。

这就是爱因斯坦的引力理论。

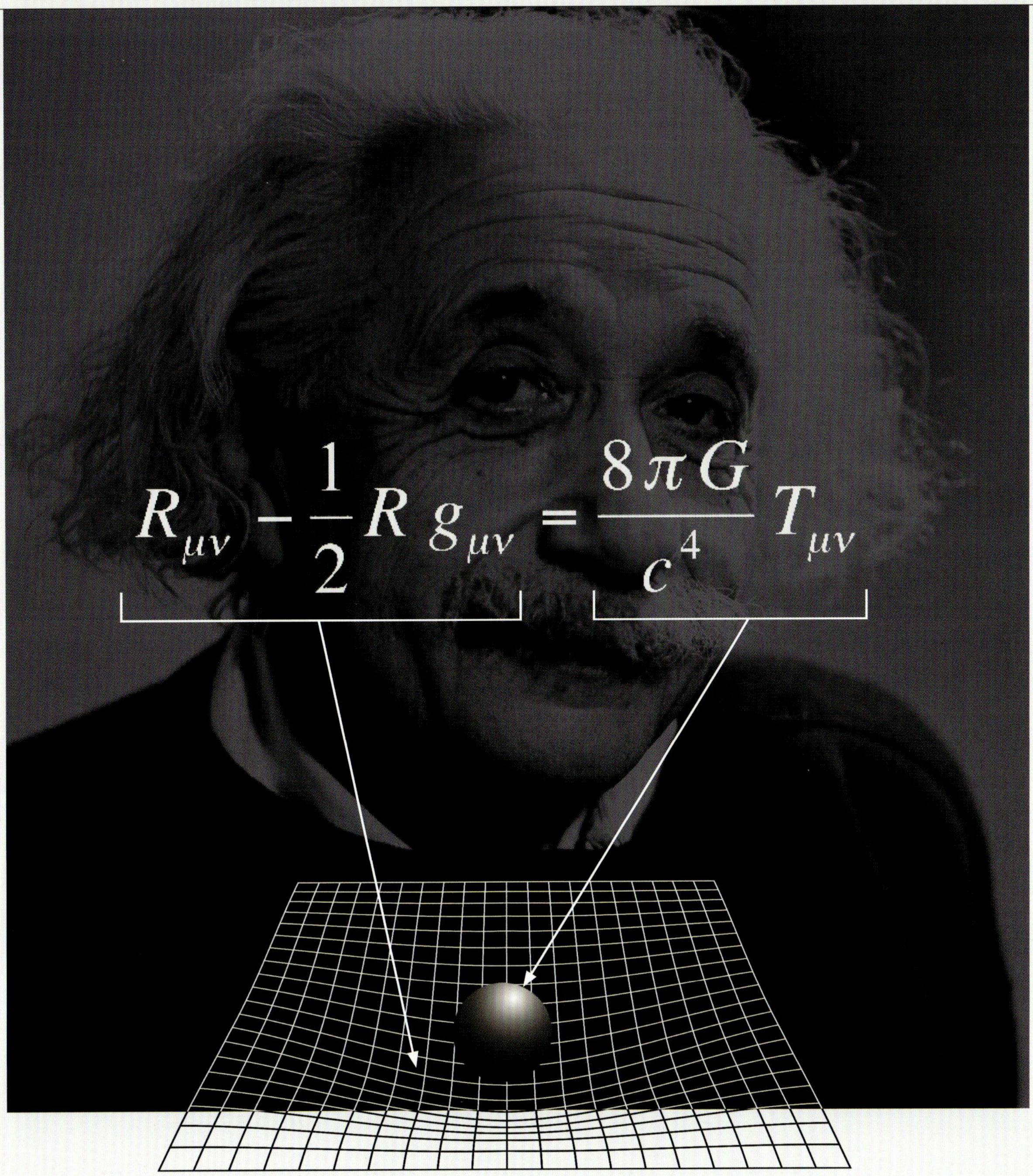

比 $E = mc^2$ 更厉害

爱因斯坦最厉害的方程不是 $E = mc^2$，而是上图里写在爱因斯坦照片上的方程。这个方程总结了他的引力理论。它的含义如下：

等号左边的符号（R 和 g）代表了空间的几何结构，即空间的曲线，它的山丘、高原、山谷，以及时间在每一个地方流动的方式。

等号右侧与几何无关，它涉及的是能量。其中 T 代表我们在宇宙各处可能找到的所有存在的和可能得到的能量。无论物质、光线还是其他已知或未知的东西，所有具有能量的事物都包含在 T 中。

因此，简而言之，爱因斯坦方程表达了这样一种观点：一边是能量，一边是时空几何，它们就是看待现实的两种方式，本质上是相同的。

或许我们还远远没有真正理解这背后意味着什么，但这个思路本身就非常精彩。

宇宙膨胀

爱因斯坦发表论文后的几年里，天文学家维斯托·斯莱弗（Vesto Slipher）的一系列观测结果使得埃德温·哈勃（哈勃太空望远镜就是以他的名字命名的）和乔治·勒梅特（Georges Lemaître）推翻了我们之前对宇宙史的看法。

与来自我们附近的恒星和星系的光不同，来自遥远星系的光全都会发生红移。这说明遥远星系一直在远离我们，所有遥远星系都是这样。距离我们越远，远离的速度越快。

哈勃和勒梅特从这一观测结果中推导出一条定律，也就是如今我们所说的哈勃定律，或称哈勃－勒梅特定律。即，遥远星系的移动速度和它们与我们的距离成正比：若一个星系与我们的距离是另一个星系的二倍，那么它远离我们的速度也是另一个星系的二倍。这条定律是基于经验事实提出的，并非抽象的理论预测。

有些发现会让人大吃一惊。有些——比如这个——则会让人产生疑问。

假如所有遥远星系都在远离我们，这是否说明在大尺度上，与我们的预期相反，我们正处于宇宙的中心，而整个宇宙都在逃离我们呢？这一观点既令人惊异，又令人不安。事实上，勒梅特和哈勃提出了另外一种可能性。没错，他们发现了红移，但这只是表象。他们认为这些遥远星系其实并没有真正移动。星系的光向光谱红端移动，这并非是星系自身造成的，而是宇宙结构所致——宇宙本身在伸展。对于星系来说，它们并没有从我们身边逃走，甚至也没有移动得很快，而是它们与我们之间的距离越来越长。

在牛顿的时代，人们不可能会想到这些，但在爱因斯坦之后，情况就不一样了。时空不仅充满一切，还能变形。

这就解释了哈勃－勒梅特定律。如果说最遥远的星系远离我们的速度比邻近星系更快，那恰恰是因为它们与我们之间的空间更多更大。

基于这一观点，要讨论的就不再是我们是否处于宇宙中心的问题了。随着距离的拉长，所有遥远星系都必须远离其他星系，而不仅仅是远离我们。对于宇宙中的所有观测者来说，无论他们身处何地，都会看到这一现象——所有遥远星系都在远离他们。这样一来，宇宙就不再有中心了，只不过所有人都以为自己处于中心而已。

这种距离延伸的现象被称为宇宙膨胀。

由此观之，宇宙的膨胀并非是让宇宙蚕食外部事物从而发生膨胀，而是从内部开始膨胀。这是一种距离的拉伸，而这种拉伸能够改变颜色。

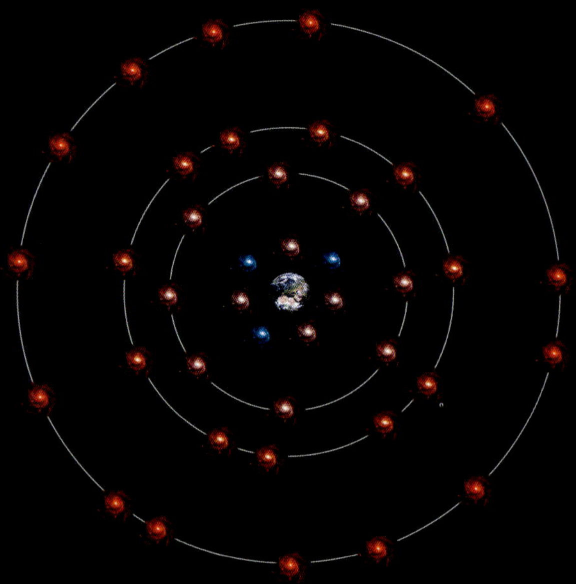

距离的颜色

遥远星系的光芒在抵达我们地球之前，一定穿过了巨大的虚无空间。正是在这片虚空之中，光线经历了宇宙的膨胀。这种膨胀，恒星之间没有，邻近星系之间没有，地球和月球之间没有，地球和太阳之间也没有。银河系内部没有，银河系和仙女座星系之间也没有（这也是为何星系之间还会发生碰撞）。我们的本星系群内还是没有。因为在这种距离尺度上，让恒星相互靠近的引力比让恒星彼此分离的膨胀更强大。

只有距离非常远时，膨胀的影响才开始凸显出来，进而对光产生显著影响。所有穿过巨大宇宙虚空的电磁辐射都会展现出这个特征。如果空间距离特别大，光谱颜色就会偏红。

这不是多普勒效应这么简单。多普勒效应讲的是，光源的移动产生了谱线颜色的偏移。而在这里，电磁波发生拉伸，不是因为产生电磁波的源在移动，而是因为空间本身在伸展。因此，宇宙膨胀引发的红移只取决于光传播的距离，而不再取决于光源的运动。

在宇宙膨胀的影响下，与我们间距相同的星系都在以相同的速度远离我们，无论它们位于哪个方向。哈勃－勒梅特定律有助于我们通过测量光的红移（也就是说研究光谱）来确定星系与我们的距离。正因如此，我们才得以弄清楚我们与最遥远的星系之间到底有多远。

可见的又变得不可见

你刚刚离开的斯蒂芬五重星系距离我们 3 亿光年，这个距离看似很遥远，但与那些离我们数十亿光年的星系相比，斯蒂芬五重星系反而像是我们的邻居了。为了能让我们看到那些遥远星系，来自它们的光必须走过很长的距离，还要经历宇宙数十亿年的膨胀，这种膨胀会不知疲倦地将这些光的颜色推向红端。日复一日，愈加变红。

对于最遥远的星系而言，红移甚至可能不仅止于可见光的红色波段，还可能从可见光变成红外线。

如果这种情况确实存在，那么我们用望远镜在可见光波段看到的宇宙应该有一个边界，这是天空中真实存在的边界。事实证明，我们已经发现了这个极限，它确实是存在的，位于大约 134 亿光年之外，但不同方向上可能会有区别，具体取决于路径上是否有星系存在。

为了能看到这个极限以外的星系，我们必须在红外波段进行观测，这也是建造韦布望远镜的目的之一，窥视太空，收集红外线。这些红外线正从比黑夜更遥远的时空最深处朝我们飞来。

大自然帮我们看得更远

1915 年，爱因斯坦提出宇宙中有一种由时空构成的织物，而引力不过是这种织物的变形时，许多科学家大为震惊。最初，整个科学界似乎分成了两派：一派是不怎么相信广义相对论的人，另一派是压根不知道广义相对论的人。事实上，不只科学界，几乎全世界人都属于这两类之一。

如今，情况完全不同了。尽管还有压根不知道广义相对论的人，但已经几乎没有不相信的人了，因为广义相对论的许多超凡预言已经得到了实验的证实。特别是其中一项预言，让包括韦布望远镜在内的所有望远镜都大大超越了自己最初的能力。这是一种放大镜现象。要是宇宙没有爱因斯坦所说的可变形的织物，我们无论如何也想象不到这种现象。要想理解这一点，你需要看看光在宇宙中是如何传播的。

光的轨迹

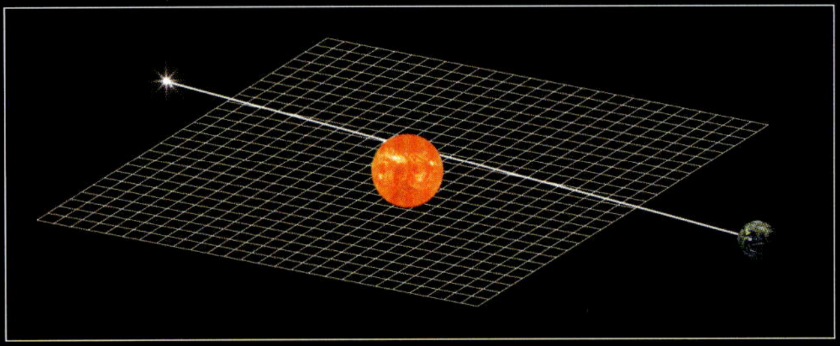

在牛顿构想的宇宙中，空间是不变的，因此光线总是沿直线传播。远处的星星看起来就在它们本来应该在的位置上。无论太阳是否存在，都不会改变它们的观测位置。

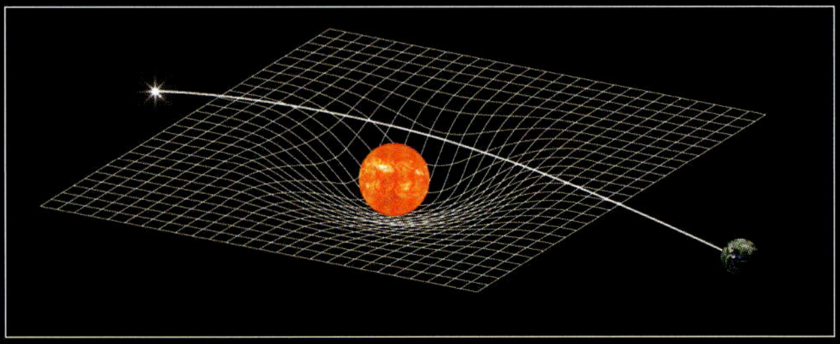

对于爱因斯坦构想的宇宙，太阳周围的空间应该是弯曲的。任何靠近太阳的光线，轨迹都会发生偏转。因此，同一颗遥远的恒星，其目视位置从白天看（星光的轨迹经过太阳附近）和从晚上看（星光的轨迹远离太阳）应该是不同的。1915 年爱因斯坦给出了这则预言。他甚至计算出了二者的位置偏差应该是多少。

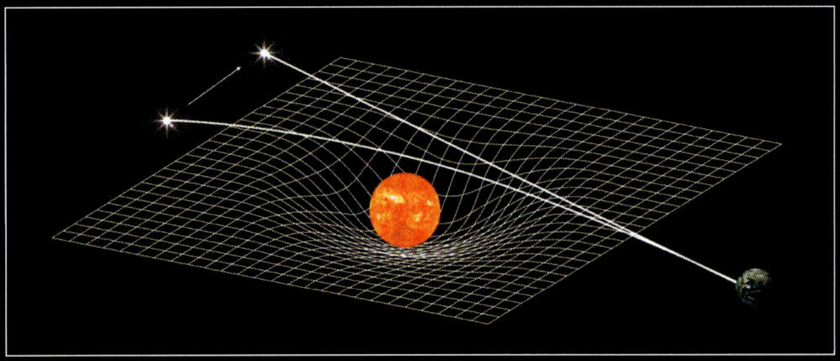

爱因斯坦和牛顿的预测差异足够大，可以通过实验来检测。

然而，从未有人意识到这种偏差。这可能是因为，白天太阳太亮了，我们没法看到太阳周围的星星。

虽然这些星星的位置在夜空星图上是已知的，但晚上又没有太阳，应该不会引发偏差。

所以，为了验证爱因斯坦的预言，我们需要一种罕见的理想情况——白天，但看不到太阳。这极其罕见，但也不是完全不可能。事实上，在爱因斯坦发表论文四年后的1919 年，就出现了这种情况——日食。

在几分钟的时间内，月亮完全遮住了太阳，白昼变成了黑夜，也就是在这段时间里，剑桥大学的物理学家阿瑟 · 爱丁顿（Arthur Eddington）验证了爱因斯坦的预言。他早就知道这天会发生日食，于是提前派了一支科考队去巴西，另一支去赤道几内亚外海的岛国圣多美和普林西比。根据牛顿的理论，这两个地方都会发生日全食。

这是1919年5月29日巴西科考队拍摄的日食图片。

图片中有几颗星星，虽然对我们来说不太明显，但图中已经用水平线把它们标出来了。爱丁顿验证了它们的位置，向全世界宣布爱因斯坦是正确的。这些星星确实就在爱因斯坦预测的位置，而没有在牛顿预测的位置。

爱丁顿立刻成了名人。他证明了爱因斯坦是对的，宇宙确实有一种织物，恒星让这种织物弯曲，光的轨迹也随之偏离。一位记者被这一发现所震撼，他略带奉承地问爱丁顿是如何完成这一壮举的，毕竟爱因斯坦的理论如此复杂，全世界只有三个人能理解它。

传闻说，爱丁顿稍做沉思后回答道："爱因斯坦、我，第三个人是谁？"

引力透镜

和地球相比，太阳引力巨大，但与整个星系的引力相比，太阳则微不足道。星系中包含数十亿颗恒星，会剧烈弯曲时空。因此，我们完全可以想象，从极为遥远的光源发出的光，可能会因星系中无数颗恒星的累积效应而发生偏转。就像在地球上开车，遇到了一片湖泊，你可以选择绕湖右转，也可以绕湖左转。光线在绕过星系时也可能有多条不同的路径。

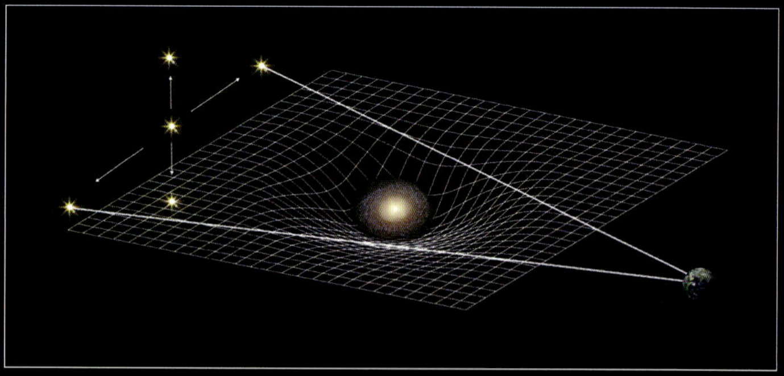

至少这是爱因斯坦的一些想法，他想象了一些可能出现的后果。

他想象在一个遥远的强光源和地球之间有一个星系。根据他的引力理论，星系周围的空间被弯曲，遥远光源的光线可能会通过四条不同的路径到达地球：上、下、左、右。这也给地面观测者带来一种错觉，以为存在四个遥远光源而不是一个。这就是右上图想要说明的。为了简便起见，图中只画了两条路径，但画了四个来自同一光源的图像。它们四个组成的十字交叉点，就是真正的原始光源。要想验证他的预言是否正确，唯一的方法就是观测太空，寻找这种类型的图案。

下面的照片是位于智利的欧洲南方天文台甚大望远镜于2008年拍摄的。这张照片拍摄的是一个普通至极的星系，距离我们几亿光年远。如果你仔细观察，会发现它的核心有些异常。这就是为什么天文学家请求用哈勃太空望远镜对其进行放大拍摄。

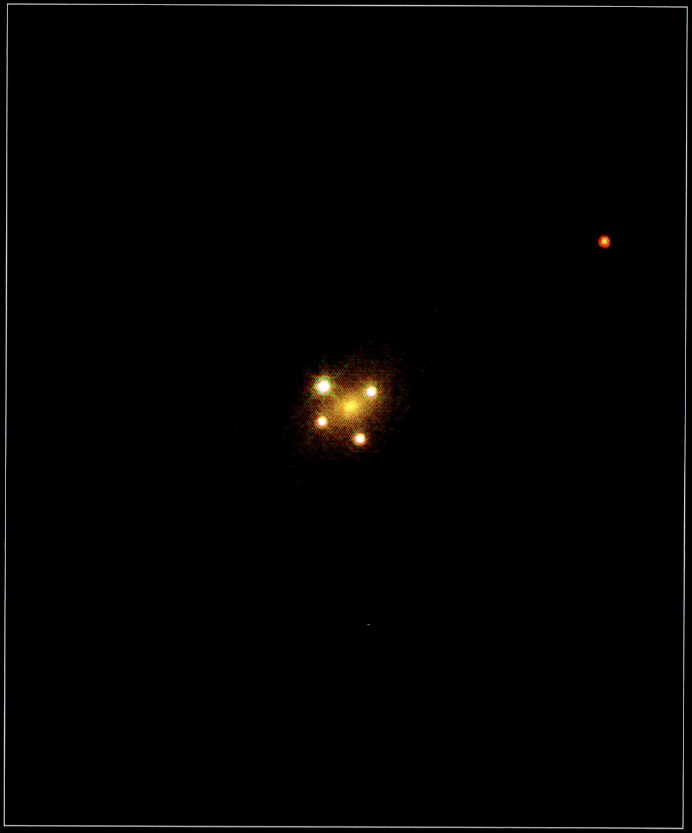

上图是2012年哈勃望远镜拍摄的照片，我们看到四个亮点，这是一个更加遥远的星系的星系核，距离我们大约100亿光年。其中有一个巨型黑洞，把落入其中的尘埃加热到极高的温度，像数十亿颗恒星一样发出辐射。像这样的星系，我们只能看到它剧烈活动的核心部分，这是因为其中的黑洞无比巨大。这种天体被称为类星体。

爱因斯坦又说对了。正因为有星系横在中间，我们才能同时看到比它们遥远得多的天体的多个图像。这就是所谓的引力透镜。

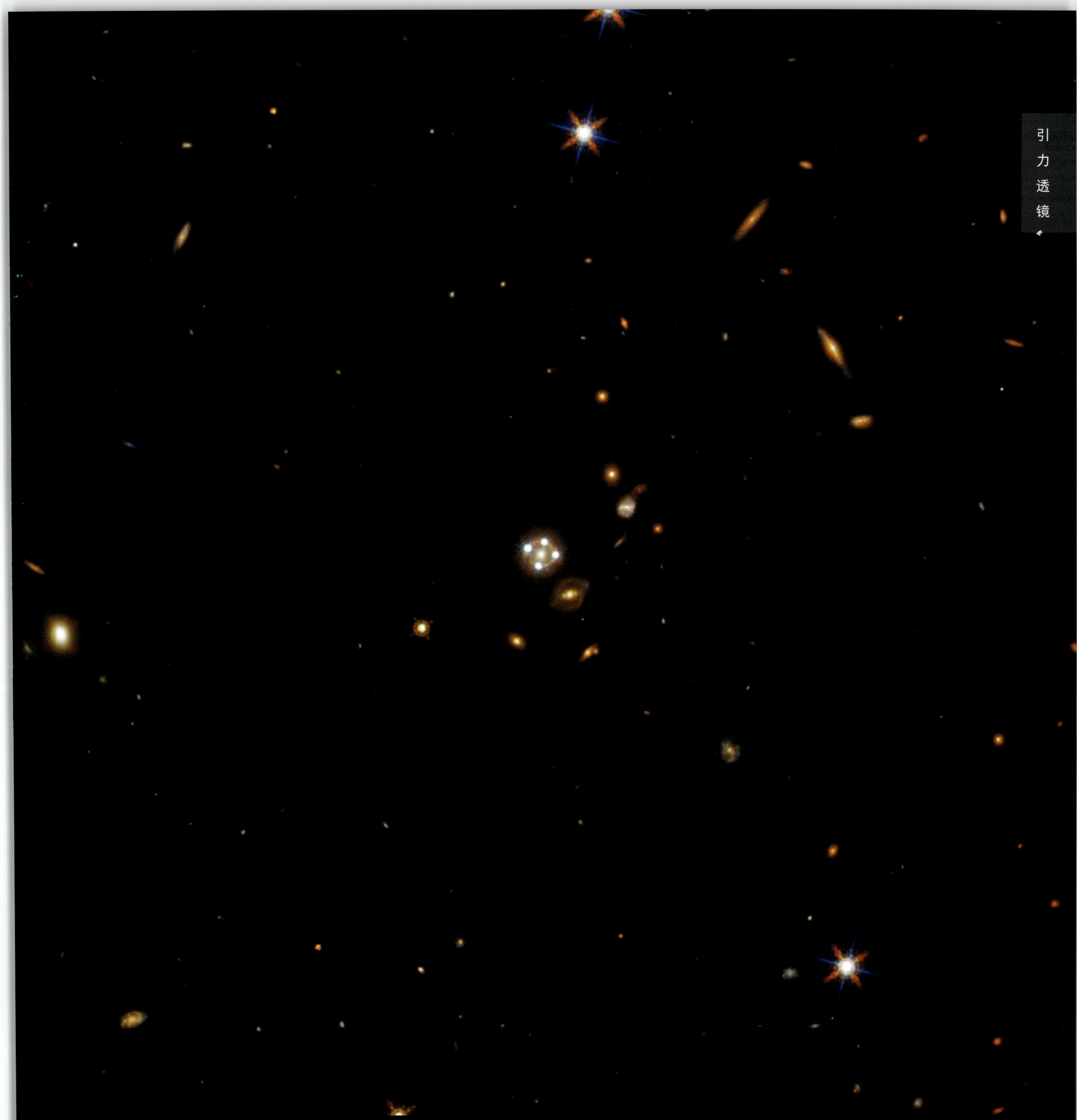

这张照片上是另一个类星体，光线形成了一个爱因斯坦十字。这张照片是哈勃望远镜在 2017 年拍摄的。

要是我们居住在另一个遥远的行星上，可能会看到别的十字，但肯定看不到这两页图中的十字，它们是专属于我们的宇宙景观，因为想看到它们，需要这几个天体之间对得非常精准。

然而，并非所有遥远光源都像类星体那样呈点状。那些光源可能散得非常开，就像一个星系一样。引力透镜会使它们变形，形成弧线。有时甚至可能形成完整的环。

下一页的照片是 2023 年 6 月 5 日由韦布望远镜发布的。

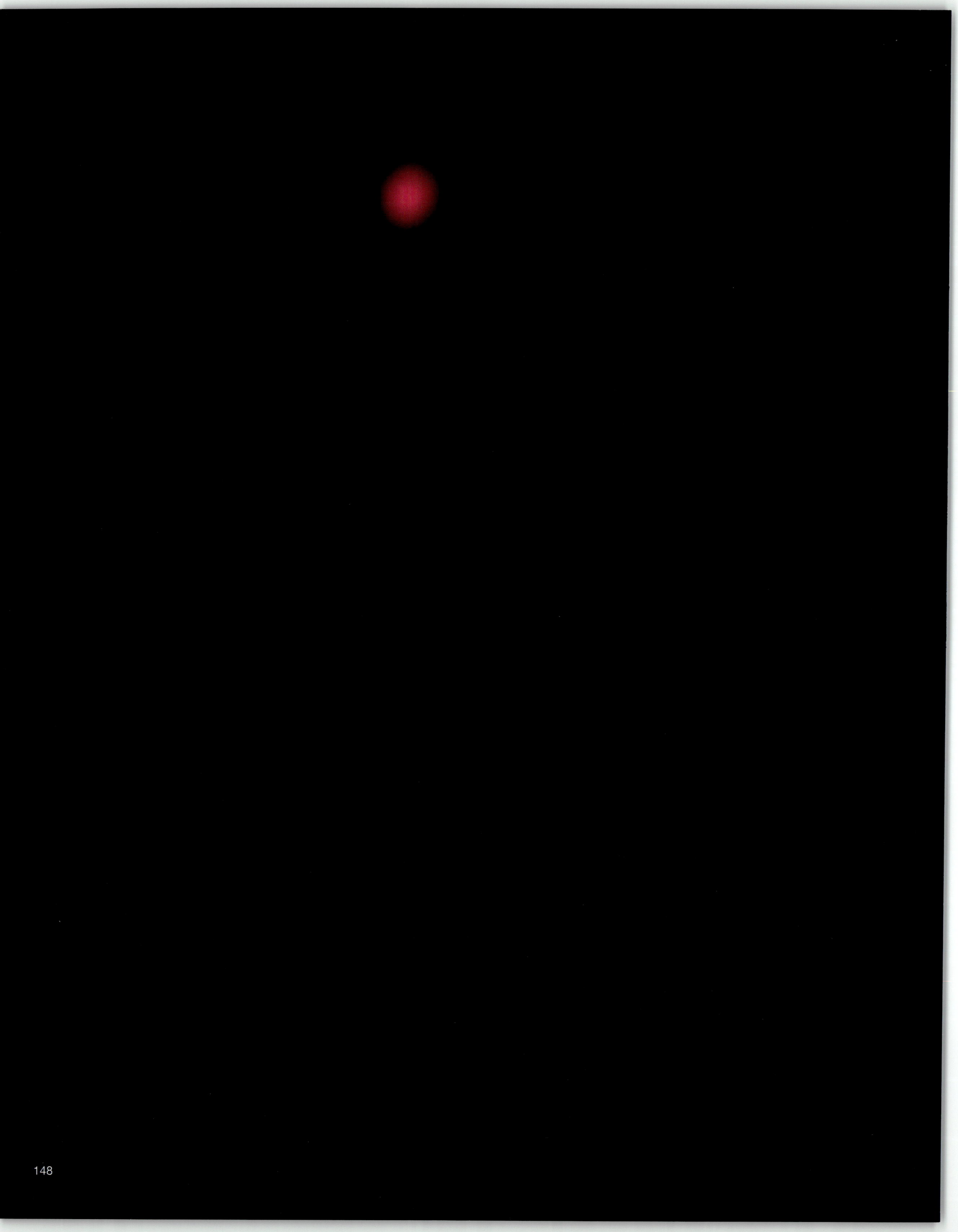

星系融合

前两页的红点是一个相当普通的星系，前一页的圆圈则是引力透镜的结果。圆圈中可见两个星系。离我们比较近的是中心的那个，呈蓝色，距离我们 30 亿光年。它扭曲着周围的空间和时间，让远处另一个星系的光线发生了偏折，看起来像一个红色的环。这就是爱因斯坦环。环中包含了远处星系被放大后的光。韦布望远镜的探测器已经捕捉了其中的红外光，通过分析，科学家识别出了里面存在复杂有机分子。这是我们首次在如此遥远的空间中检测到复杂分子。如果没有引力透镜，这是不可能实现的，因为远处星系的光线太过微弱，即使是韦布望远镜也无法观测到。

引力透镜不仅向我们传送了深空的多重图像和变形图像，还将它们都放大了。就像在空间和时间中建造了放大镜，让我们得以看到假如没有它们就看不见的东西。

上一页中变成环状的星系和我们之间的距离大概是让它发生形变的星系的 4 倍，大约 120 亿光年。离地球已经非常非常远了。

引力透镜可以由星系创造，也可以由星系团创造。就像右侧这张图片一样。这是 2020 年 12 月 14 日哈勃望远镜发布的，名为“融化的环”。这是一个距离我们 94 亿光年的星系，是它变形、放大后的图像。

在如此遥远的距离上形成的这些引力透镜，甚至有可能让来自超远距离光源的光线选择不同的路径。在不同的路径上，光线走过的时间也不一样。因此，远处星系的多重图像可以同时展示出星系在生命不同阶段的样子。现在你看到的这页图像就是这样。待会儿还有一个小游戏在等着你。

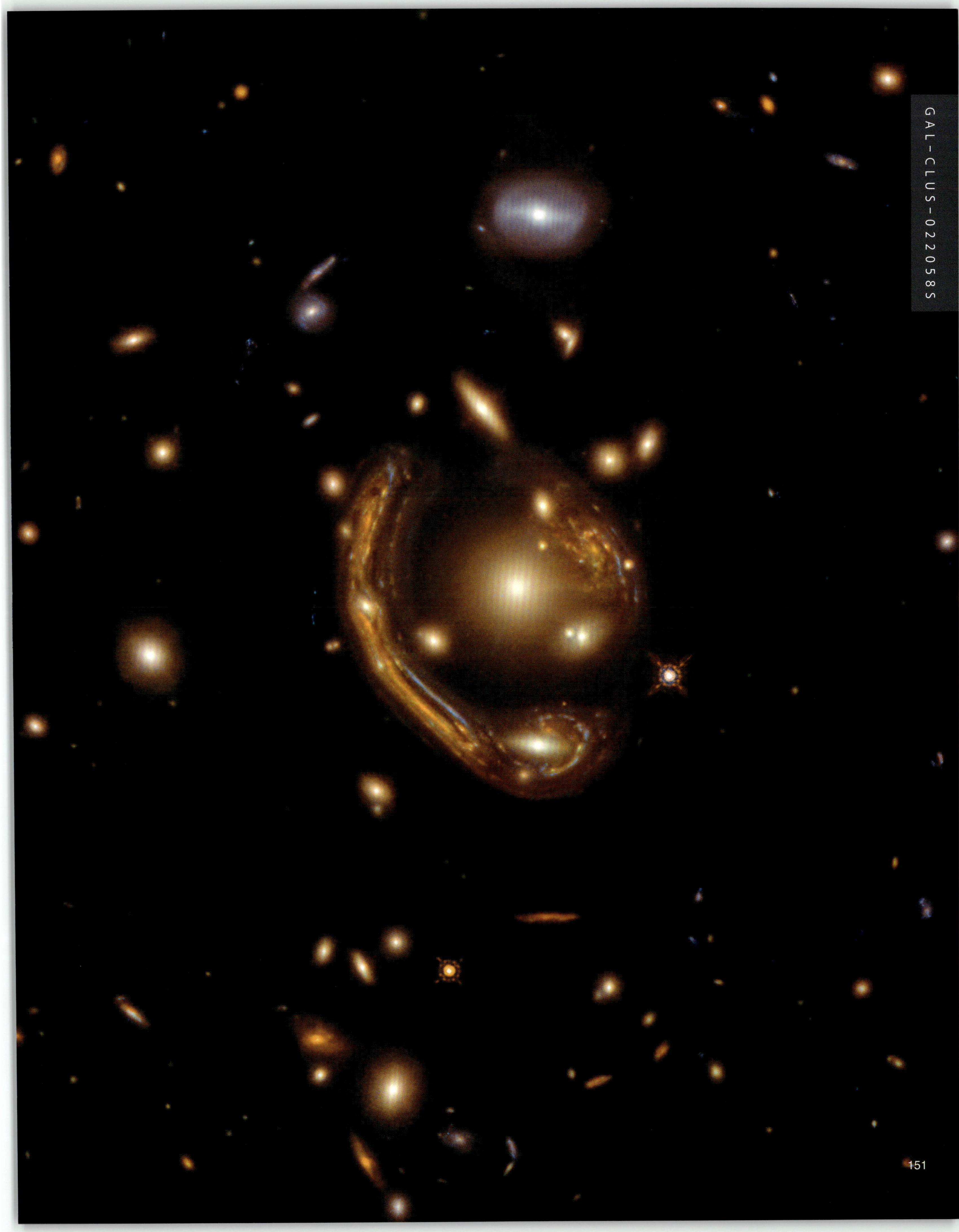

“找不同”

这两页的两张图片分别是哈勃望远镜在2016年和2019年拍摄的。图片中央有一个近似球形的白色星系团形成的引力透镜，距离我们大约40亿光年。为了理解这个星系团的透镜效应形成的奇怪橙色弧线，科学家分析了这些光，得出了两项惊人的发现。

第一，不是三条弧线，而是四条。它们都是同一个遥远星系的扭曲影像。这个星系和我们之间的距离更远，是白色星系团的2.5倍，也就是大约100亿光年。第二，哈勃望远镜拍摄这张照片时，这个遥远星系中的一颗恒星刚刚爆炸。在2016年的照片上，它出现了三次，但在2019年的照片上则完全没有出现。我想让你们比较一下这两张照片，找出这颗恒星。就像玩“找不同”的游戏一样。应该不太难。找到它们也能帮助你们分辨出这个遥远星系的四个影像中的三个。你们可能会犹豫片刻，但应该很快就能意识到，其中一条弧线（最大的那条）实际上是由两条弧线组成的，因为这颗恒星在其中出现了两次。找不到也没关系，本书末尾给出了大多数小游戏的答案（我还是建议你们看答案之前稍微找找，有助于你们熟悉一下这些奇特的照片）。

第四个放大的影像与其他三个都不同——角度不同，而且也看不到爆炸的迹象。2016 年和 2019 年的照片上都看不到。

科学家研究了这个奇怪的现象，给出了一个解释：第四个影像的光比其他三个多走了近 20 光年。因此，第四个影像展现的大约是那个星系 20 年前的状态，比其他三个影像都早。

基于此，科学家预测，那颗恒星在第四个影像中应该还没有爆炸，预计将于 2037 年左右发生，误差不会超过几年。

等待验证他们的预测是否正确之前，你可以在接下来的韦布望远镜图像上测试一下自己对引力透镜的探测能力。可能会稍稍有点难，但完成它之后再去探索宇宙的第一道光就容易得多了。

星系团透镜

这是韦布望远镜于 2023 年 2 月在红外波段拍摄的图片。

一个距离我们 32 亿光年的星系团形成了一个巨大的引力透镜，在右侧生成了三个独立图像，显示的是一对更遥远的星系。

可能会花一点时间，但我相信，你肯定能成功识别出产生引力透镜的星系团（呈白色），不仅如此，找到那对星系的三个图像也肯定不在话下。

完成后，你就该探索深空，进入宇宙学的奇妙世界了。

宇宙学

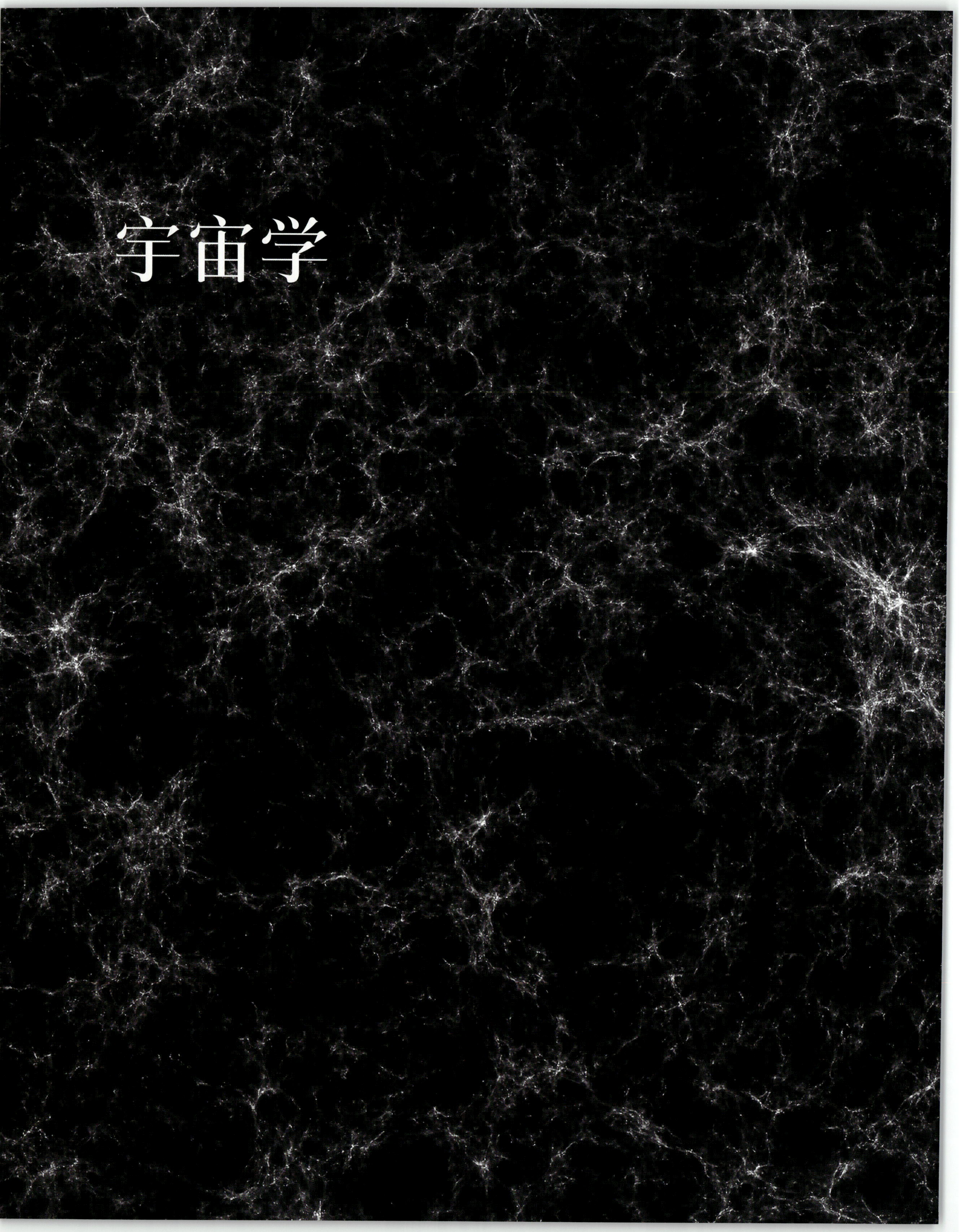

深空：我们宇宙中最遥远的部分，无论时间还是空间。

深场：通过将望远镜对准太空中一个非常小的区域进行长时间（数小时到数天）拍摄形成的图像。这么做的目的是尽可能多收集光，呈现深空的样貌。第一张深场图像是1995 年哈勃望远镜拍摄的。韦布望远镜的第一个深场图像拍摄于 2022 年 7 月。

宇宙学原理：这是一个假设，意思是在非常大的尺度上，无论从哪个地方观测，宇宙在各个方向上都是相似的。根据这个原理，我们能得出的一个结论是，宇宙不可能有中心或边界。因为这类位置很特殊，从这些地方看到的宇宙会和从其他地方看到的宇宙存在根本性的不同。

大爆炸理论：所有认为宇宙是从一个比现在小得多、热得多的状态增长起来的理论都算大爆炸理论。大爆炸理论有许多种，具体取决于科学家想强调宇宙的哪个方面。但不论哪种，出发点都是爱因斯坦的广义相对论。

奇点：由于计算中出现无穷，所以任何已知理论都无法适用于这个时空地点，空间和时间的概念由此消失。广义相对论中有两类奇点。第一类是黑洞内部产生的奇点，这种奇点可能有很多。第二类奇点只有一个，即标志着我们宇宙起源的奇点，空间和时间在那里诞生，因此这个奇点也叫大爆炸。

北深场

回到地球，我们重新看到太阳、银河系和月亮，感到万分欣喜。你看到的是哈勃望远镜在 1995 年固定拍摄的一小部分天区。这是北半球大熊座中恒星最少的区域之一。右页图上标出了这块区域，与月亮并列，方便我们了解它在天空中的大小。

哈勃望远镜对着这个区域固定拍摄了超过 100 小时，以收集尽可能多的光线。

结果就是本页的图像。这幅图像让地球上的所有科学家都目瞪口呆。在图中可以看到大约 3 000 个星系。这就是哈勃的北深场。以此外推到整个天空，通过哈勃望远镜，人类才刚刚真正了解到我们的宇宙到底有多么浩瀚。

尽管目标区域看似毫无出奇之处，但也有这种可能性，那就是因为某种宇宙中的巧合现象，它成为天空中唯一充满遥远星系的地方。这种可能性似乎不大，因为科学家或多或少已经把宇宙学原理当成一种哲学接受了下来：如果能看得足够远，天空中不论哪个方向，区别都不大。这一小片位于恒星之间的黑暗区域，预示着我们的宇宙异常巨大，不过这必须进行验证。

天文学家决定将哈勃望远镜对准地球另一端的一个黑暗角落。一道道光芒慢慢汇集成影像，这就是南深场。翻过这页就能看到。

南深场

哈勃望远镜于 1996 年拍摄的南深场与北深场非常相似，由此，所有没有预测到这种空间背景均匀性的宇宙模型都出局了。

宇宙在各个方向上看起来确实几乎都一样。

而且的确浩瀚无垠。

将这两个深场揭示出来的内容外推到整个天区，我们迄今为止发现的所有超星系团就会变成一个更大现实中的一小部分，成为位于我们称之为可观测宇宙的巨大宇宙中心的一个点。

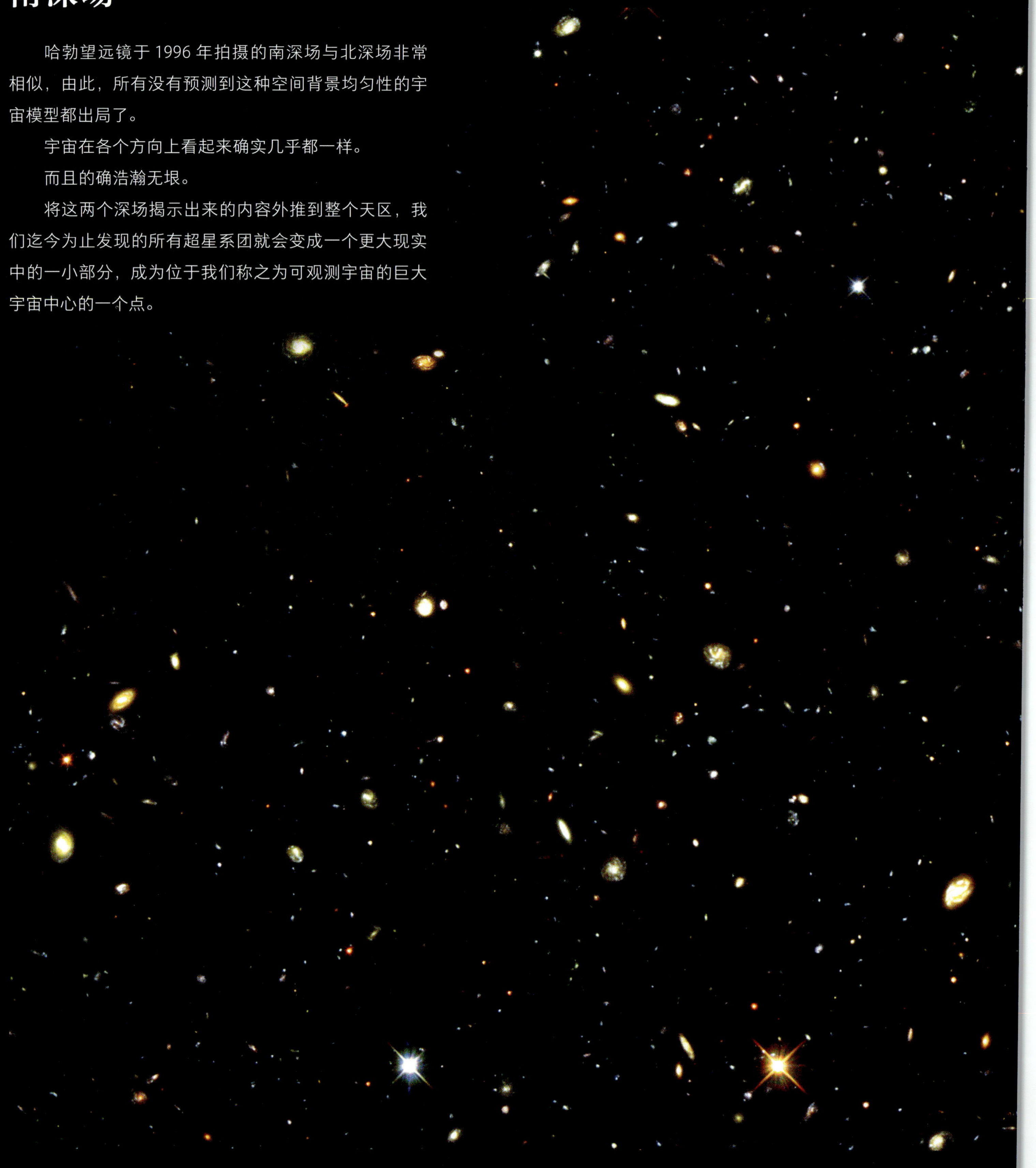

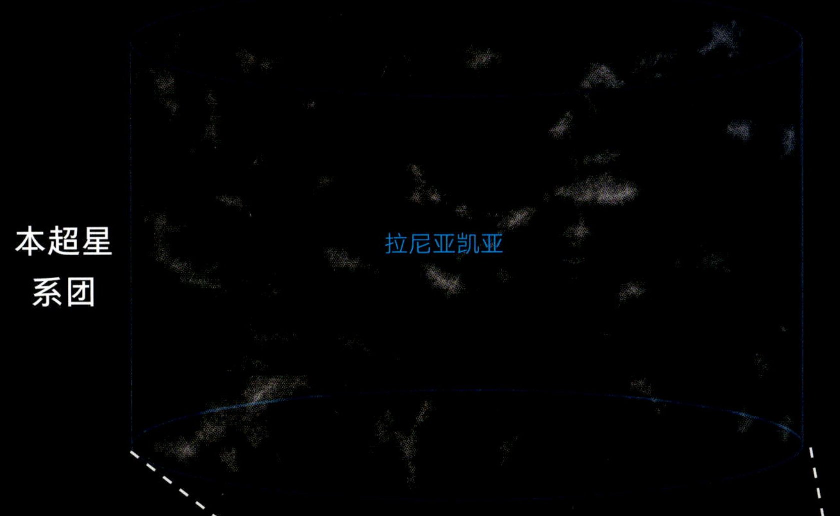

每个点代表的不只是一个星系团，而是包含着数亿个星系的超星系团。

这还不是终点：宇宙学原理表明，宇宙中的每个点在自然法则面前都是平等的，不论从宇宙的哪个位置观测，看到的场景都是和我们类似的。每个人都位于自己宇宙的中心。

看到这里，要是你觉得脑子乱糟糟的，就说明你已经理解这一切了。

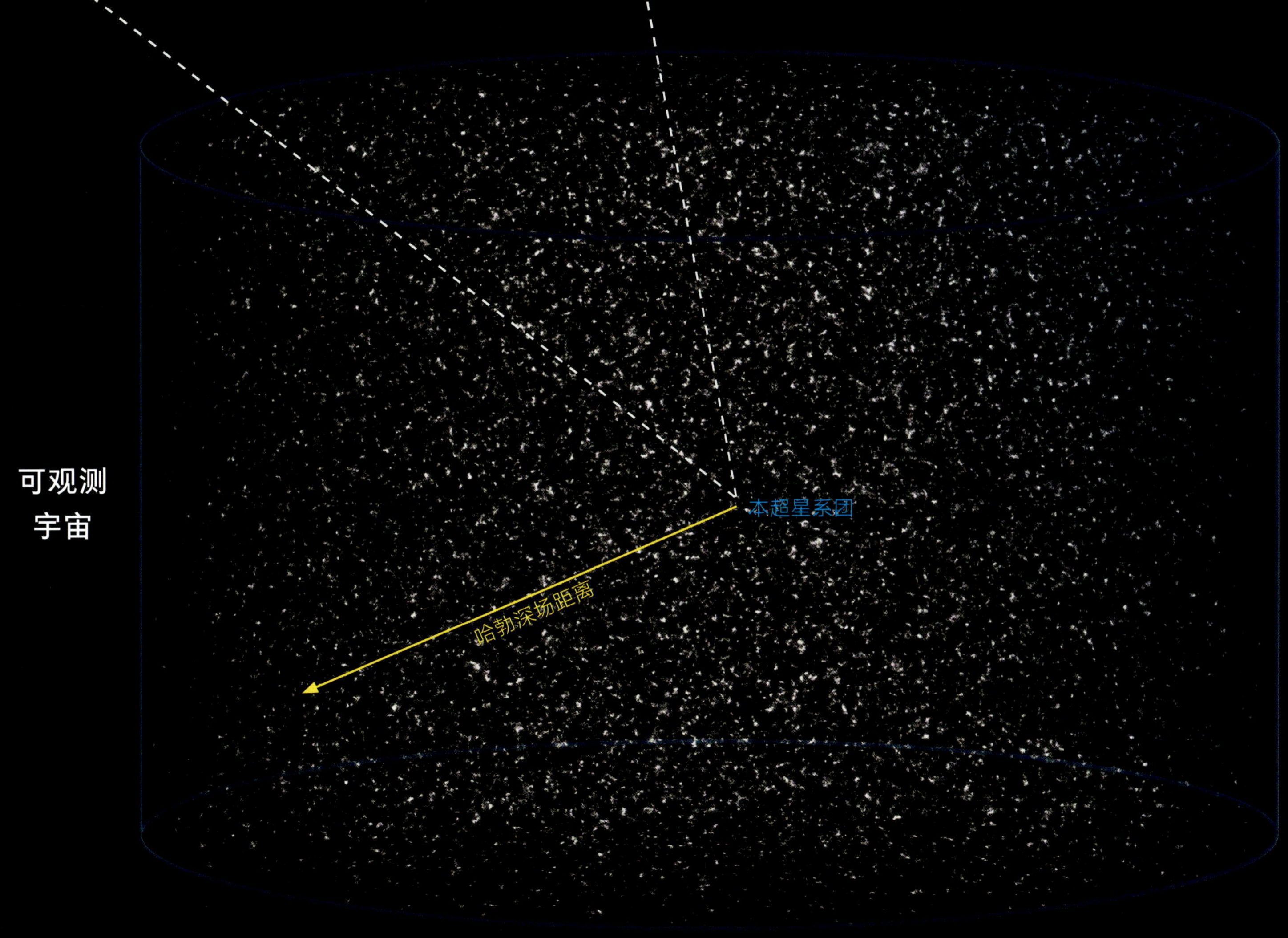

2002年，一组宇航员造访了哈勃望远镜，不仅给它换了太阳能板，还安装了一台更新、更强、更灵敏的相机。

两年后，这台相机对准了一个与北深场和南深场一样恒星很少的天区，这是南半球的一小片夜空，在天炉座方向，这里的恒星肉眼几乎不可见。这张哈勃的超深场图像发布于2004年，图中最古老的星系和我们之间的距离与上图可观测宇宙中黄色箭头所示距离大致相同。

哈勃超深场

不管未来摄影技术发展到何种程度，哈勃超深场都无疑是人类拍摄到的最令人震撼的宇宙照片之一。

因为它是在可见光波段拍摄的，所以是真实色彩。想要拍摄这样的太空景象，需要一只巨大的眼睛，凝视着天炉座恒星之间的黑暗天区，积累 100 小时的光线。

这张照片中有一些银河系内的恒星，肉眼不可见。它们有哈勃望远镜特有的衍射图样：四分支的十字形。还记得吗，韦布望远镜的衍射图样是八条分支。我只看到了六颗这样的恒星，没准你能看到的比我多。不管看到多少，照片上所有其他光源都是星系。大约有一万个。

只需一眼，就能通过颜色判断它们是离我们比较近，还是远在宇宙的另一端。那些偏蓝的是离我们较近的，红色的是离我们遥远的，不过这与多普勒效应无关（如果真是因为多普勒效应，想产生这么大的偏移，运动速度就太快了），而是由于宇宙的膨胀。

你站在地球上，长久地注视着这张超深场图像，迷失其中。

你想象自己再次穿越太空，近距离飞过这些散布在时空中的尘埃、恒星和光的岛屿，每个星系都包含数千亿个太阳、数亿个黑洞，而一个成因不明的巨大黑洞端坐于它们的中心。

通过这些深场图像，哈勃望远镜向我们展示，遥远星系中有三分之一形状很奇特，我们所见的椭圆形或螺旋状星系已经处于宇宙史的后期阶段了，它们是在多次相互作用、碰撞和合并之后，才变成了这种形态。这些图像也展示了星系演化的不同阶段。

本书前面的部分让你十分担心银河系和仙女座星系的碰撞。但如今我们已经知道，银河系在过去曾吞并过十几个星系。我们也在天空中找到了这些合并事件的痕迹。要是没有这些曾经的合并，没有这个过程中诞生的数百万颗恒星，我们很可能根本就不会存在。

在最遥远的星系之外，超深场的最深处，宇宙急剧膨胀，所有最初的可见光都被强烈拉伸，变成了红外线。

要是还能够建造一个比哈勃更强大的望远镜去捕捉来自更远处的可见光，那么这张图里最遥远的星系就不应该是红色，而是黄色或橙色。这样的话，离宇宙膨胀到使遥远星系不可见，还会有一些余地。但事实并非如此。哈勃这张图里最遥远的星系已经是红色了。非常红。以我们人眼能看到的光线，无法看到更遥远的物体了。因此，哈勃超深场代表着人眼在望远镜的帮助下能看到的极限。这也就是这张图像的非凡之处。它标志着我们永远无法看到的边界。超越这一点之后，就是不可见的红外光，是詹姆斯 · 韦布望远镜的领域了。

这张图像中的黑暗之处也存在着遥远星系，它们发出的红外线能被韦布望远镜探测到，这种人眼和哈勃望远镜都无法探测到的光，会向我们展示宇宙童年时期的样子。

尽管如此，韦布望远镜也是有限度的。

比如说，它无法追溯到时间的起点，无法追溯到大爆炸。但也离得不远了。

为了理解这一点，并理解韦布望远镜迄今为止探寻到的东西，我现在邀请你深入了解一下我们宇宙的历史。

我们宇宙的历史

宇宙学是物理学的一个分支，主要关注整个宇宙的起源和演化。

致力于这一研究领域的科学家拥有两种工具。一种是理论，特别是爱因斯坦的理论，这种工具可以提出假设和预测，帮助我们理解宇宙中正在发生的事情。另一种是观测，可以用来验证假设，运气好的时候还能发现新的事实。

不论如何，最终具有话语权的还是观测。这是科学的基础。理论与观测结果有冲突时，必须调整理论，或重新解读理论。但理论学家不总是同意这一点，尤其是涉及自己提出的理论时。不管怎样，探秘宇宙过去的探险家都有一个共同的梦想：看到更远的空间，从而在时间上看得更远。如果说这个理想有实现的可能，那是因为光允许我们做到这一点。

请记住，旅行了130亿年的光，为我们带来了130亿年前的宇宙图像。来自遥远星系的光就是时间深处的快照。瞄准天空中最黑暗的方向，也就是恒星最为稀疏的地方，我们的望远镜要做的就是尽量捕捉来自最遥远过去的光。韦布望远镜正是为此建造的，接下来我们会看到它从那些时代收集来的图像，非凡绝伦。

不过，在此之前，我还是建议你先了解一下另一台太空望远镜收获的成果，它名叫普朗克，是欧洲在2009年送入太空的。它的目标是看到韦布望远镜永远无法触及的更远处，以便验证爱因斯坦理论的推论：在遥远的过去，光的传播可能存在边界，不只是可见光，而是所有的光。

空间与时间的极限

还记得乔治·勒梅特吗？这位杰出的比利时科学家推论，遥远星系的红移意味着宇宙在膨胀。我们之前在书中提到过他。后来勒梅特的兴趣发生了转变，想要探寻他的这个发现对整个宇宙的过去意味着什么。他在脑海中勾画出他所理解的空间图像，遥远星系在彼此远离。然后他想象时间倒流，星系彼此逐渐靠近，巨大的物质量聚集在越来越小、越来越热、越来越密的空间内。继续让时间倒流，让整个宇宙压缩，最终会到达一个极端的临界值，此时不管是他提出的引力理论，还是其他任何人提出的理论，都没法走得更远了。

正如大概40年后斯蒂芬·霍金（Stephen Hawking）证明的，爱因斯坦方程本身就预示了自己的极限。根据广义相对论，空间和时间这两个为人所熟知的概念，并不是永远存在的。

没人知道一个没有空间和时间的宇宙是什么样的。我们将其命名为大爆炸，但它不是我们能够看到的极限，而是我们使用广义相对论能够计算出来的极限。它是一个谜，直到今天仍然是。

这也是为什么不是所有人都喜欢大爆炸这个概念。包括爱因斯坦自己，起初他坚决拒绝宇宙可能有历史这个观点。但是随着观测结果逐渐积累，最终他也承认可能这就是事实。

但是要如何证明这个结论呢？如果观察遥远的空间确实等同于回顾遥远的过去，那么我们能否看到空间的边界和时间的起源突然出现的那一刻，并以此验证我们的宇宙确实存在起源？

证明大爆炸

1948年，三位科学家——拉尔夫·A. 阿尔弗（Ralph A. Alpher）、罗伯特·C. 赫尔曼（Robert C. Herman）和乔治·伽莫夫（George Gamow）提出，可以证明大爆炸的存在。为了证明这一点，他们首先问自己能想象出什么。在大爆炸之前，空间和时间并不存在，这限制了人的想象力。因此，他们把注意力集中于大爆炸之后的情况，虽然不知道空间和时间是如何诞生的，但它们诞生之后，我们宇宙的结构就从此出现了。

在他们看来，这个年轻的空间中填满了巨大的能量。我们现在谈论的是超过数十亿亿亿摄氏度的温度。这像一锅纯粹的能量热汤。虽然那时的世界与我们今天所知的完全不同，但这个临界点仍是一个良好的起点，因为从这里开始，三位科学家可以让时间从过去向未来正常流动，看看会发生什么。

膨胀拉伸了距离。

宇宙开始变大。

整体温度下降。

上面提到的纯能量汤显然是一种比喻。它是已知或未知的粒子、已知或未知的能量，还有光所构成的混合物。但那时还没有原子，甚至没有原子核。温度太高，粒子无法相互结合成为原子。这样一来，电子就是自由的，但这种自由是以牺牲另一种自由为代价的。光子不自由，没法到处传播。宇宙如此紧凑，如此致密，任何物体发射的电磁辐射都会立即被自由电子吸收。因此，宇宙对所有光（不仅是可见光）都是完全不透明的。即使是如今能穿越墙壁的无线电波，在诞生之初也会被阻住，在电子之间不断反弹，永远无法真正前进。

让光自由

简而言之，阿尔弗、赫尔曼和伽莫夫的初步结论是，我们的宇宙在年轻时期是一片漆黑。但如今我们却能看到宇宙的一切，说明肯定存在某种变化让宇宙变得透明。这究竟是什么变化呢?

必须剥夺电子的自由，不能再让它与光发生相互作用。必须形成原子，这样才能把电子困在原子内部，让它只能与能让它轨迹发生改变的光发生相互作用，而其他光不行。自此以后，大多数光子便能像现在这样在宇宙中自由传播了。或者说几乎像现在这样，因为最早的原子，也就是氢原子，一定是处在极度聚集的状态，充满整个空间。宇宙终于变得透明，但也一定沉浸在美丽的氢云之中。

阿尔弗、赫尔曼和伽莫夫估计，要想让氢原子在形成后不被周围的热量立即破坏掉，宇宙的温度必须低于 2 700℃。理论上来说，宇宙在大爆炸后约 38 万年会冷却到这个温度，距离今天约 138 亿年。

总结一下，如果我们的宇宙诞生之初是炽热而混沌的，那么在形成第一批氢原子时就会突然变得透明（虽然充满了云雾）。如果这个推论没错，我们就可以基于此提出预测。由于任何物质加热到 2 700℃都会发出略带橙色的可见光，那么我们宇宙的第一道光芒一定也是这种颜色。要验证这一点，只需将望远镜指向夜空的黑暗处，欣赏在遥远星系之外闪耀的橙光即可!

看那橙色之夜

目前为止，一切顺利。

突然，情况发生了变化。夜空的背景并不是橙色的，而是黑色的。甚至不用望远镜也能验证这一点。阿尔弗、赫尔曼和伽莫夫当然也意识到了这一点，于是修正了他们的理论，加入了宇宙膨胀对橙光的影响。

宇宙的第一道光必须穿越膨胀的空间，经过 138 亿年的旅程，才能到达我们这里。从橙色变成红色，然后变成红外线，就像遥远星系的光一样。但这里的光来自更远的地方，所以它们肯定已经发生了进一步红移，超过了红外线，变成了微波。当然，我们如今肯定是看不到宇宙最初的光芒的，就算是哈勃望远镜和韦布望远镜也看不见。这就是为什么即使在哈勃望远镜和韦布望远镜的图像中，夜空背景也是黑色的，而不是橙色的。但是，如果我们以微波观测夜空，它也是黑色的吗?

不，这次不再是黑色的了。

宇宙在闪耀。

阿尔弗、赫尔曼和伽莫夫预言了这一点。1964 年，阿尔诺·彭齐亚斯（Arno Penzias）和罗伯特·威尔逊（Robert Wilson）偶然发现了这种辐射，因此获得了 1978 年的诺贝尔物理学奖。

这个发现完成了整个闭环。彭齐亚斯和威尔逊用实验证明勒梅特是对的，阿尔弗、赫尔曼和伽莫夫也是对的，我们的可观测宇宙，确实是从一个比今天更小、更热的状态中成长起来的。那些首次自由传播的光芒，如今仍然存在于夜空之中。他们捕捉到了这些光芒。之所以我们用肉眼看不到，只是因为它们已经冷却了而已。

太空的背景墙

自彭齐亚斯和威尔逊的发现以来，专门用于测量这种微波辐射的望远镜已经被科学家们送入太空。最近发射的是欧洲的普朗克卫星，2013年，它为我们传回了下面的图像。这是整个天空的背景图，去除了所有恒星和星系。

这张照片中，光旅行了138亿年。这些光是物质在宇宙刚开始变透明时所发出的。仿佛有一堵墙，将宇宙的可见之处与不可见之处分隔开来。那时宇宙温度是2 700℃，但由于宇宙膨胀，今天的温度是−270.4℃，这个温度对应的是（见第19页）波长1.9毫米的光，即微波。在这张图上，温差最大的是深蓝色和深橙色之间，对于平均温度在−270.4℃左右的宇宙来说，这个温差值还不到0.0001℃，这再次确认了宇宙学原理的正确性：太空背景在各个方向上的温度都是相同的。

乔治·F.斯穆特（George F. Smoot）和约翰·C.马瑟（John C. Mather）推进了我们对这种辐射的理解，因此获得了2006年诺贝尔物理学奖。

约翰·C.马瑟意识到，要想看到宇宙历史中接下来发生的事情，既不能用微波波段，也不能在可见光波段。要看到更远的地方，就必须使用红外线。

这就是他启动詹姆斯·韦布卫星建设项目的原因。

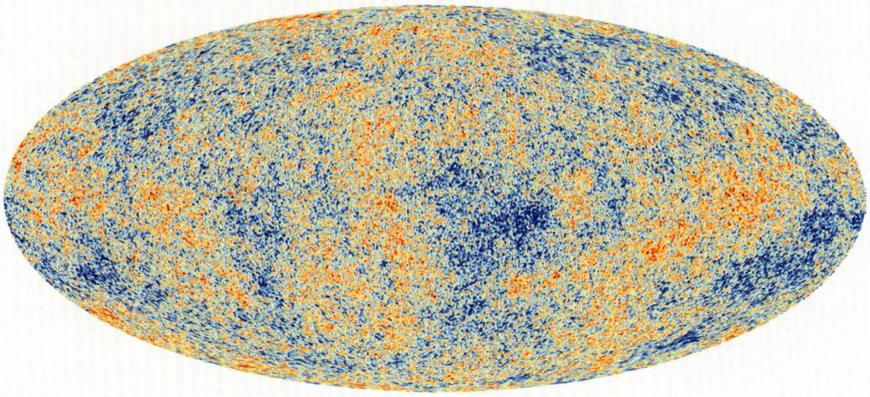

宇宙微波背景辐射

从恒星中阅读宇宙的历史

宇宙中，没有信号能从一个地方瞬移到另一个地方。速度最快的是光（以及引力波），没有什么能比光更快了。这种限制看起来可能很烦人，因为它限制了信息传递的速度，但正因如此，我们得以追溯时间的流逝，看到宇宙的过去。

假如自然界中存在某种能瞬时传播的信号，那么我们只要用望远镜看星星就能观测其他世界现在的样子。这样的话，我们与世界就是同频的。一切世界的时间都是一致的。这个时间外在于我们的宇宙，是类似于牛顿时间的时间。

在这样的宇宙中，“现在”转瞬即逝，不管是其他世界，还是我们的世界，“现在”过去就过去了，只存在于记忆中。古老的“现在”已经变成了“过去”，只能通过了解它对现在的影响来间接地了解它。

但事实是，不存在瞬时信号。位于十光年、百光年或千光年之外的恒星的光，需要十年、百年或千年才能到达我们这里。因此，从地球上不可能即时观测其他地方现在的样子。仰望星空，我们只能看到其他世界、其他恒星、其他星系的过去。将我们与它们分隔开的是距离，也是时间。我们被过去包围，从最近的过去到最遥远的过去，一层又一层。

随着宇宙的膨胀，这些过去在不断远离我们。越是遥远，它们受到膨胀的影响越大，远离得越快。它们的光因此红移得越多。这就是哈勃定律。

靠近我们的过去是最近刚发生的，红移较少。像哈勃望远镜或甚大望远镜在可见光波段就能看到这些较近的过去。从宇宙深处到达地球的信号带来了更遥远过去的图像，红移也更为显著。曾经可以用肉眼看到的宇宙曙光已经变成了微波。它们来自宇宙深处的那堵背景墙，我们称之为宇宙微波背景辐射。这是我们可以用光观测到的宇宙在空间和时间上的极限。

在这堵微波墙与哈勃望远镜在可见光波段所见的万物之间，最初的恒星开始闪耀，它们的光以红外线的形式到达我们这里。

有了詹姆斯·韦布望远镜，我们终于可以看到宇宙的整个童年时期。

标准宇宙学模型

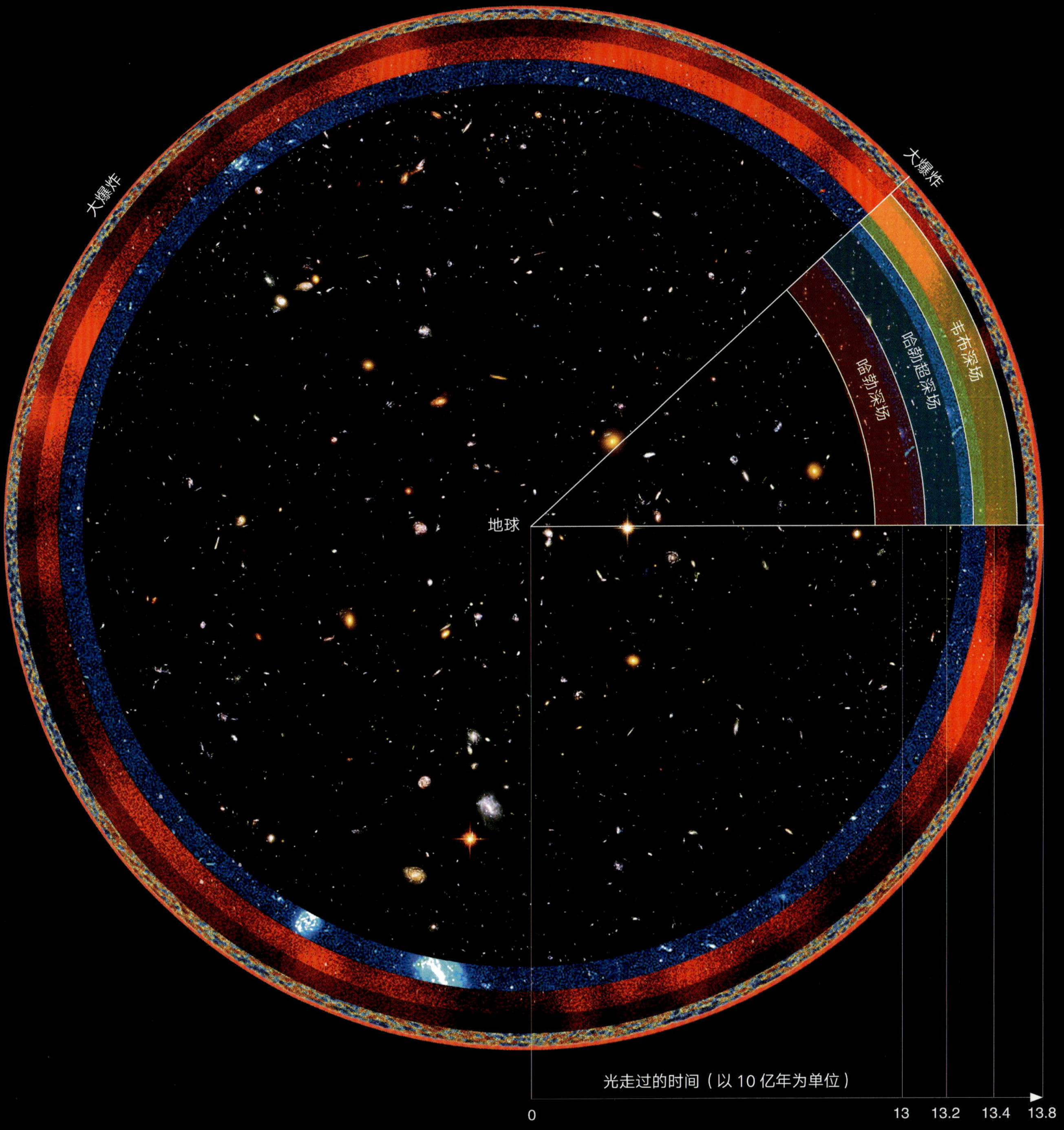

这是今天我们对宇宙的想象示意图。地球在中心，这是必然的，因为我们是从地球上观察太空的。每个环绕地球的圈，无论是否绘制在图中，都对应着一个距离，因此也对应着宇宙过去的某个时刻，这个时刻的图像来到了而今的我们的眼前。这种对宇宙及其历史的看法，就是科学家们今天所称的标准宇宙学模型。

我们可以看到哈勃和韦布的深场在空间和时间中的位置。

现在，你将看到韦布的深场。

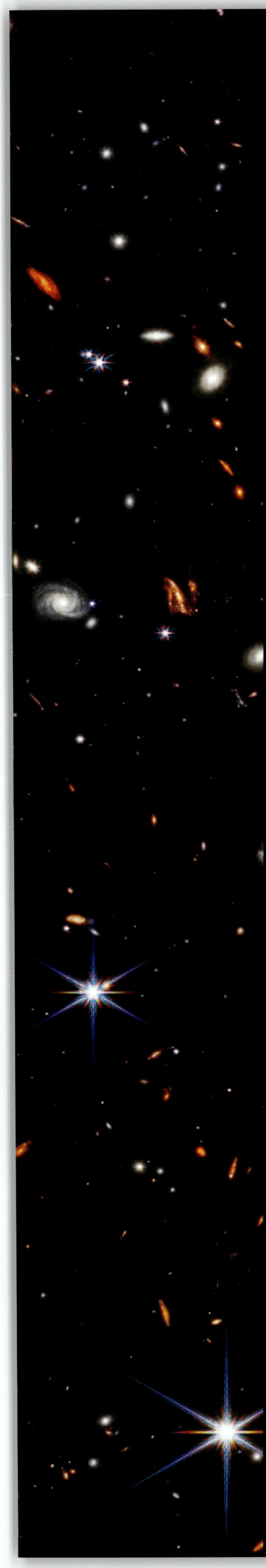

韦布进军深场

这是韦布的首张深场图，发布于 2022 年 7 月。它覆盖的天区相当于一臂之外一粒沙子能遮住的天空大小。

哈勃望远镜为了获得超深场图像（第 162 页）花了四天多的时间。韦布望远镜仅用了半天时间就完成了。

现在你已经积累了很多经验，我相信你光靠自己就能识别出许多细节了。

比如，最亮的光源是最容易识别的：它们的光经过韦布望远镜发生衍射，形成了这个望远镜特有的八芒星形状。

这些衍射图样虽然令人印象深刻，但它们是银河系里的恒星，不该被它们吸引，而忽视图中巨大的引力透镜。这个引力透镜是中心位置最大的蓝色衍射图形下的那块白色棉絮状星系团造成的，它扭曲并放大了更遥远的星系。这些星系看起来像弧形，图像上散布着几十个。如果没有引力透镜效应，我们根本看不到它们中的任何一个。

显然，这张图像上的颜色依然不是真实色彩，因为韦布望远镜只能看到红外光。某些星系呈蓝色，某些呈红色，这不是宇宙膨胀所致。再强调一下，这里的颜色是我们根据来源性质赋予它们的。最后的结果是，几乎没有尘埃的星系显示为蓝色，充满尘埃的星系显示为红色。含有复杂碳分子尘埃的区域显示为绿色。

图中显示了其他红外辐射，例如非常年轻的恒星、被加热的气体云，甚至黑洞发出的辐射。但还有一些来自那些曾经可见，但由于宇宙膨胀，只能在红外波段观测的星系辐射。

这张图像中至少有两个这样的星系。这两个星系的光芒来自极其遥远的过去，只有韦布望远镜能够探测到它们。

它们是我们在宇宙中观测到的最古老结构之一。

翻过这一页，就能看到它们的藏身之处，还能了解到它们的光谱是如何告诉我们它们是如此遥远的。

最初的星系

在韦布望远镜的第一幅深场图像中，实际上不是有两个，而是有四个极其遥远的星系。

这四个星系的光可以单独分离出来进行分析。人们已经识别出了特定元素的光谱特征，比如氢和氧，这两种元素的发射光谱在四个星系中都有出现，见右页图。红色表示氢，蓝色则是氧。

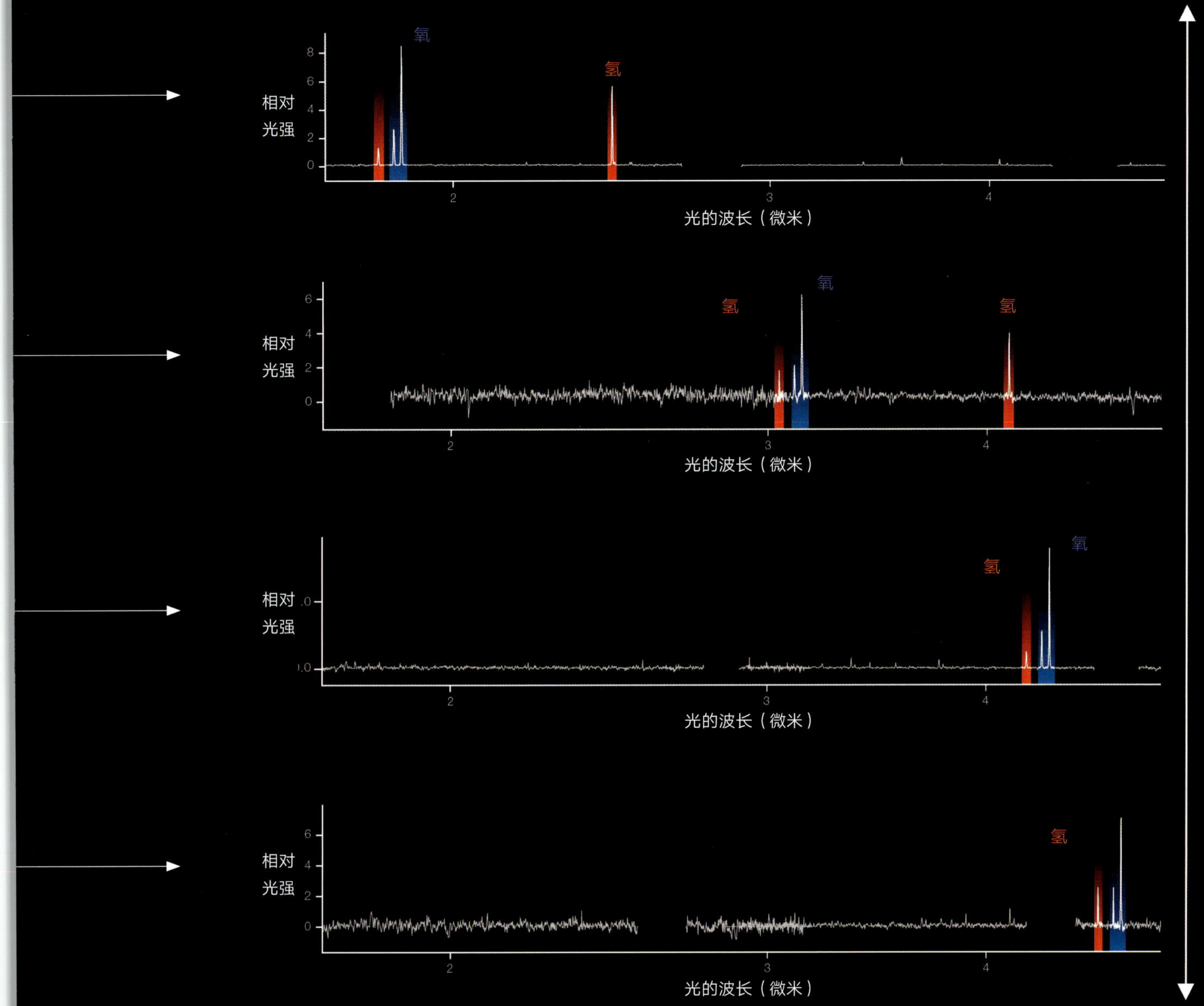

实际上，光谱中的红移代表的含义在这些图像上很明显。从一个星系到另一个星系，由相同原子发出的相同的光越来越向右移动，波长逐渐增加。

通过直接在光谱上测量这些红移，就能确定每一束光在抵达我们之前，在空间中旅行了多长时间。

比如，最下面的那个星系发出的光，已经离开它的家园 131 亿年了。

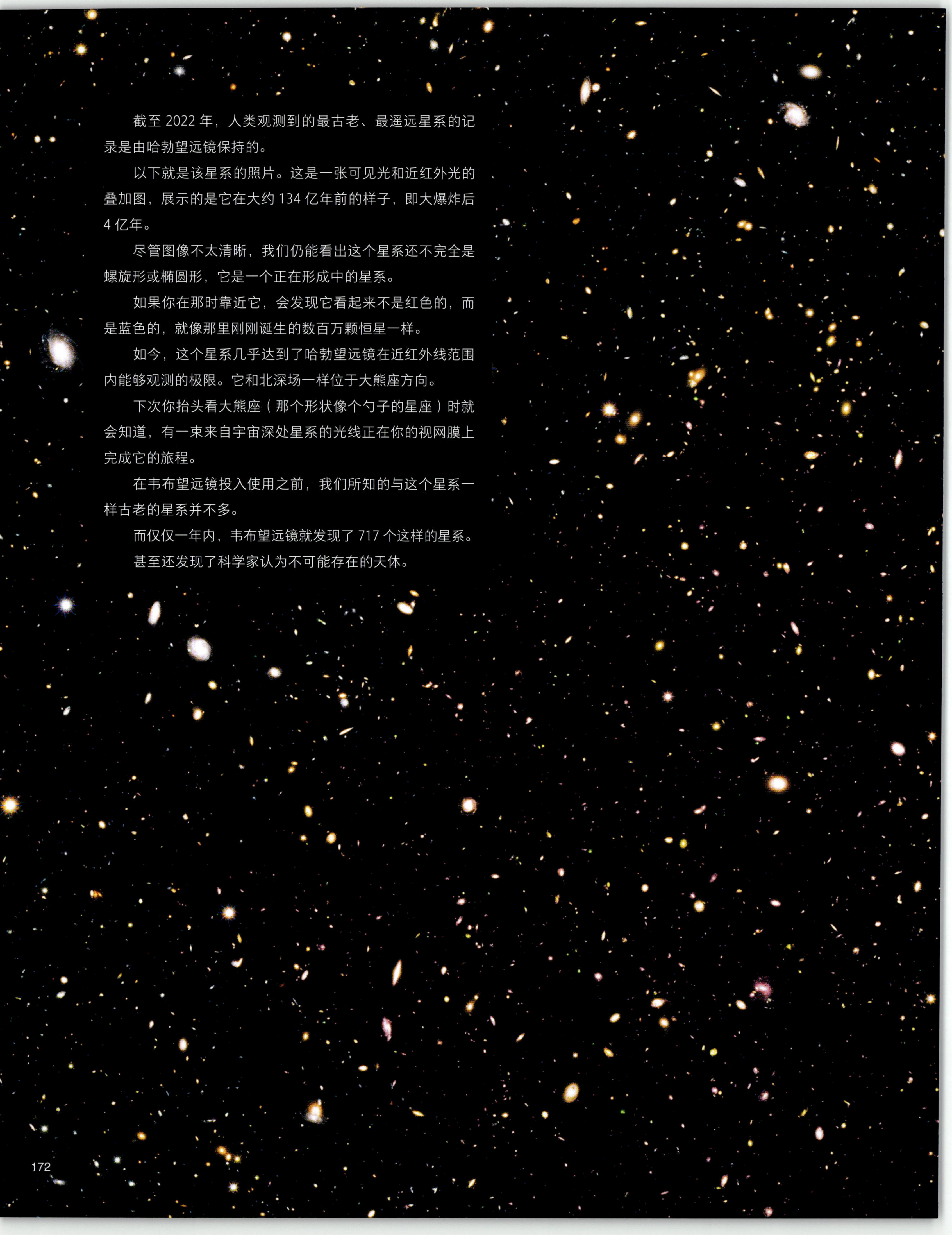

截至 2022 年，人类观测到的最古老、最遥远星系的记录是由哈勃望远镜保持的。

以下就是该星系的照片。这是一张可见光和近红外光的叠加图，展示的是它在大约 134 亿年前的样子，即大爆炸后 4 亿年。

尽管图像不太清晰，我们仍能看出这个星系还不完全是螺旋形或椭圆形，它是一个正在形成中的星系。

如果你在那时靠近它，会发现它看起来不是红色的，而是蓝色的，就像那里刚刚诞生的数百万颗恒星一样。

如今，这个星系几乎达到了哈勃望远镜在近红外线范围内能够观测的极限。它和北深场一样位于大熊座方向。

下次你抬头看大熊座（那个形状像个勺子的星座）时就会知道，有一束来自宇宙深处星系的光线正在你的视网膜上完成它的旅程。

在韦布望远镜投入使用之前，我们所知的与这个星系一样古老的星系并不多。

而仅仅一年内，韦布望远镜就发现了 717 个这样的星系。

甚至还发现了科学家认为不可能存在的天体。

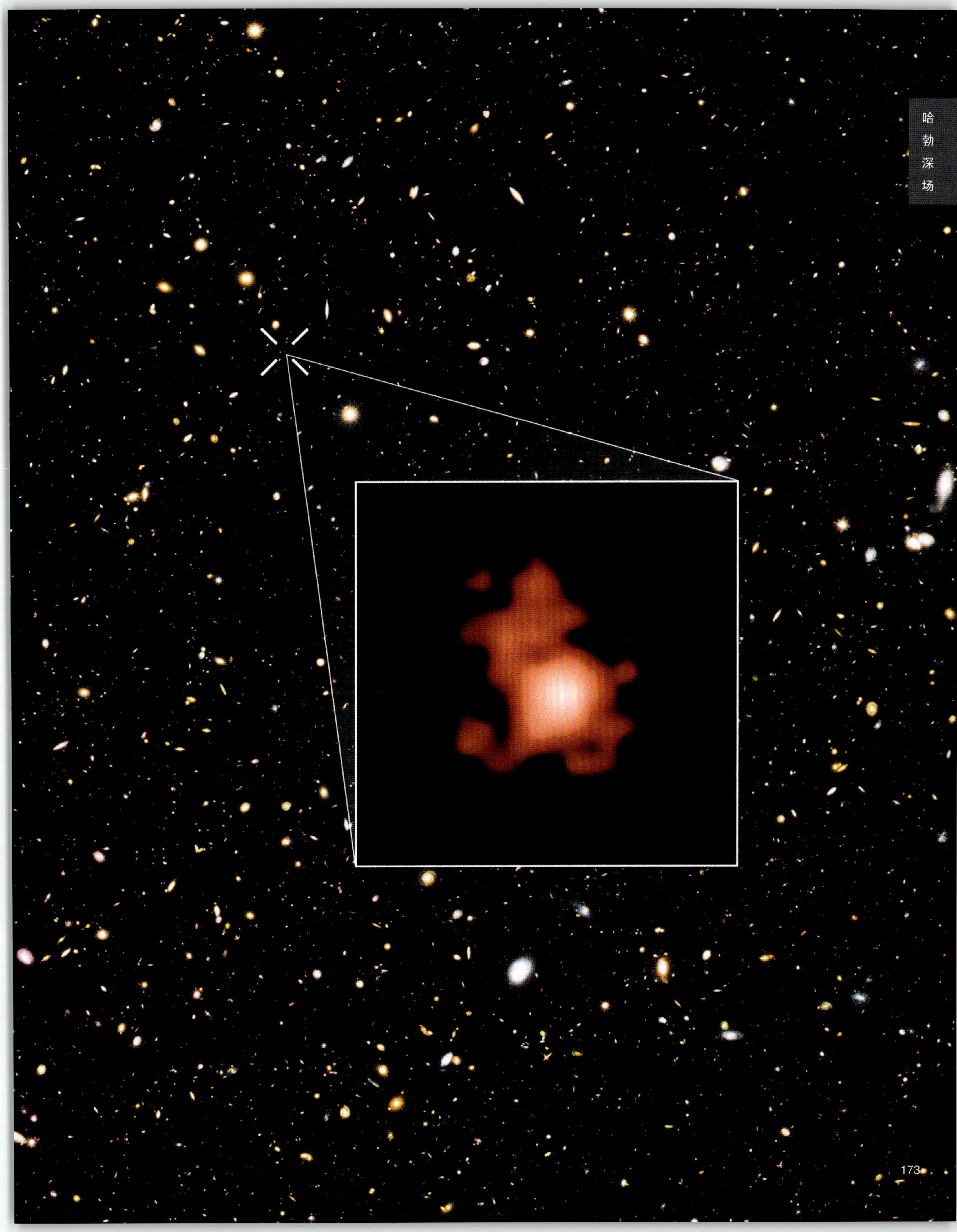

这张图片发布于 2022 年 12 月 9 日，是韦布望远镜的第二次超深场观测。这一次目标区域位于与哈勃超深场相同的南半球天区，朝向天炉座。

在这里发现了比前一页的星系还要古老 2 亿年的一个星系。图中显示的是它 136 亿年前的样子。这个星系非常遥远，甚至在这张照片上几乎看不见，但你还是可以找到它的，我在它旁边标了一个小箭头。只要在图片上找到这个箭头就能找到它了。这个星系名为 JADES-GS-z13-0。

然而，这并不是这张照片中唯一古老的星系。旁边还有其他三个星系，年龄都超过 133 亿年。我也用箭头标出了它们。前面提到的最远的那个，箭头稍长一点（答案不在书末）。

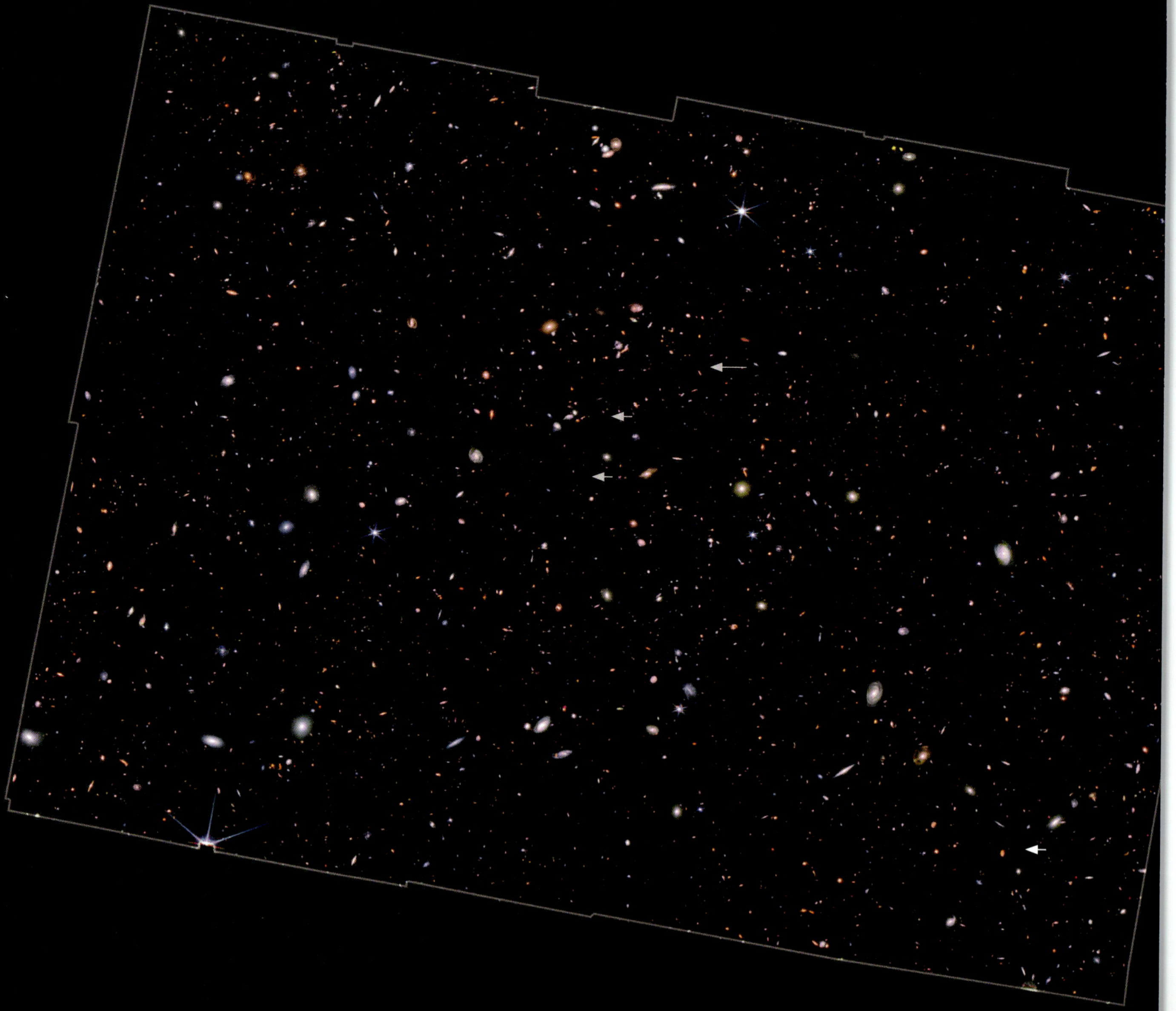

韦布深场看起来可能不如彩色的星云或星系图片那么壮观，那么令人印象深刻。但是它们向我们揭示的内容绝对令人震惊。大多数科学家从未想象过我们能如此精确地观测到如此遥远的过去。

上面的这些图片发布于 2023 年 7 月 6 日。每个方格对应一片天空，相当于一臂远处针尖大小的范围。韦布望远镜在每个天区观测了一个小时。由于没有完全覆盖整个天区，所以仍然存在空白区域，但光是这些就已经显示出 10 万多个星系。其中许多星系是有史以来第一次被观测到。

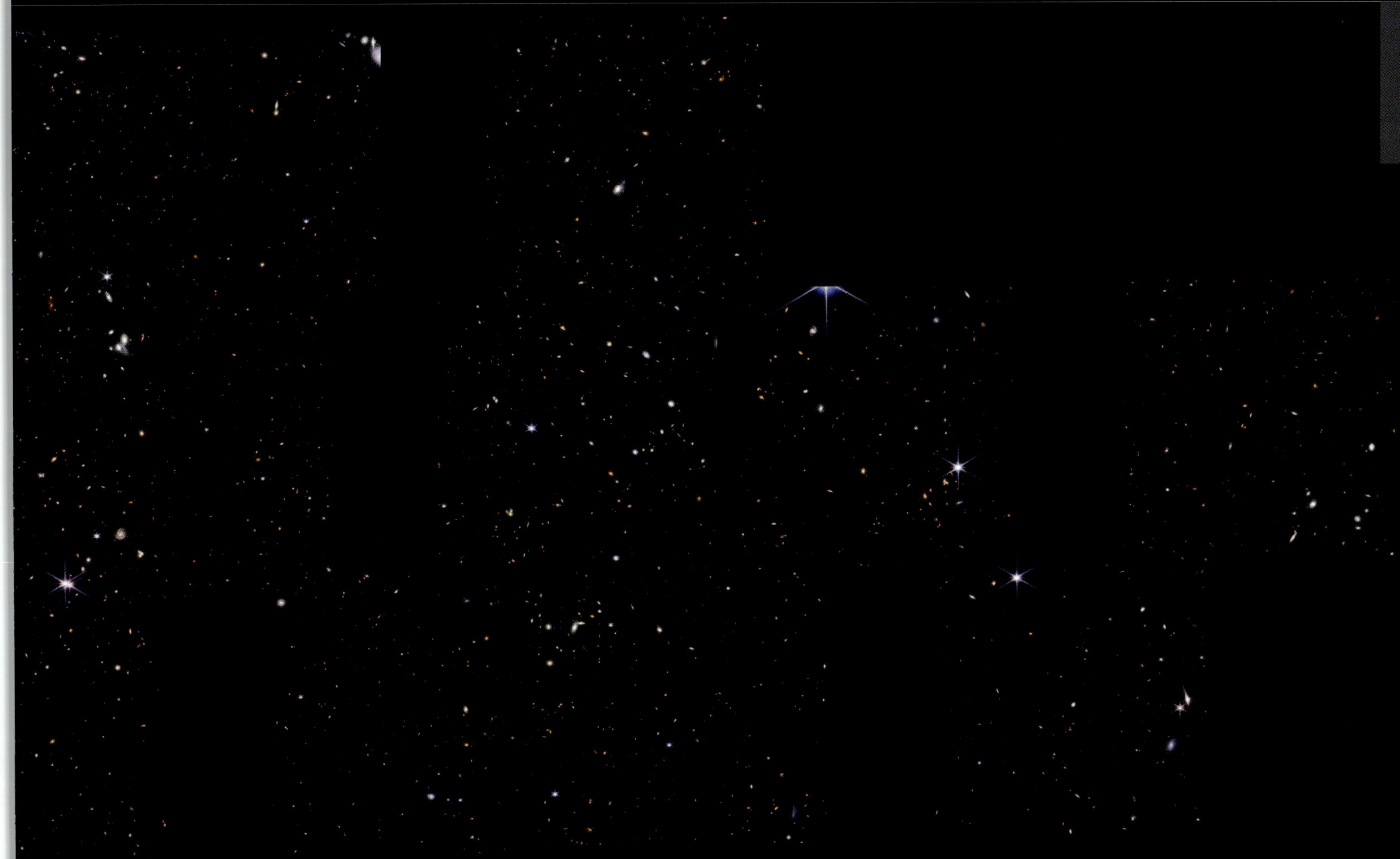

就算要用放大镜，也不要嫌麻烦，一定要去探索这个微小的全景图，去发现星系的各种形态。这些图片非常新，你甚至有可能从中看到以前没有人观察过的星系。

图片上能识别出的最遥远天体之一，是位于距我们约 132 亿到 133 亿光年之间的星系，以及至少三个位于星系中心的巨大黑洞。其中一个黑洞的存在时间已经超过 132.3 亿年。

这些图像显示，最初的星系在大爆炸后几亿年就已经存在，而且它们的黑洞在当时就已非常巨大。

这是一个问题。

正如韦布望远镜所看到的那样，和标准模型的预测相比，这些星系出现得太早了，它们的黑洞增长得也太快了。我们稍后会再来讨论这个问题。

韦布深场的细节

韦布望远镜探测到来自如此遥远时代的光线时，没有人想到我们能获得如此清晰美丽的星系图像。其实，我们离这一目标并不遥远。

在这一页，你能找到前几页提到过的星系和黑洞的位置，以及它们的光谱。

把这些光源的光成功分离，是一项令人惊叹的技术壮举，但我们已经做到了。正因如此，我们得以了解原始星系的组成，以及我们与它们之间的距离。这样一来，我们不仅能知道它们何时出现，还能知道它们是由什么构成的。

四个极远星系

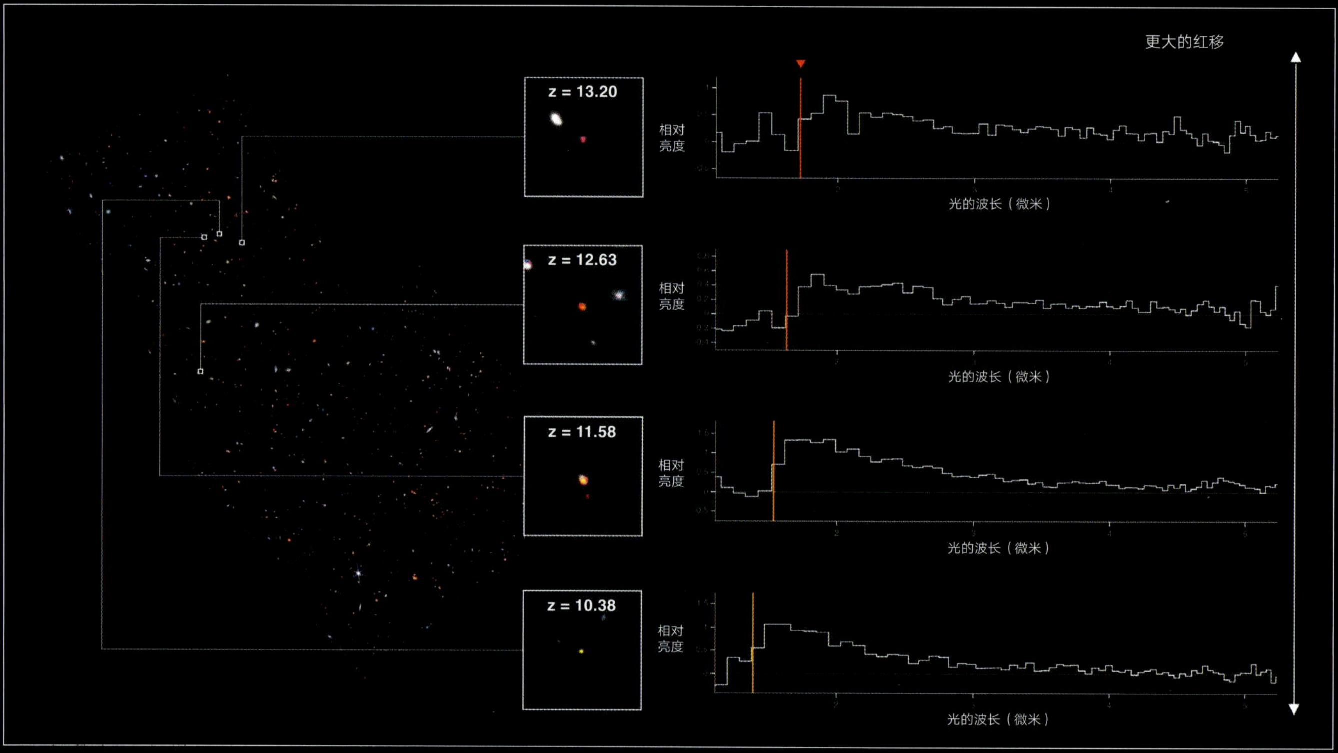

大爆炸后 5.7 亿年的一个黑洞

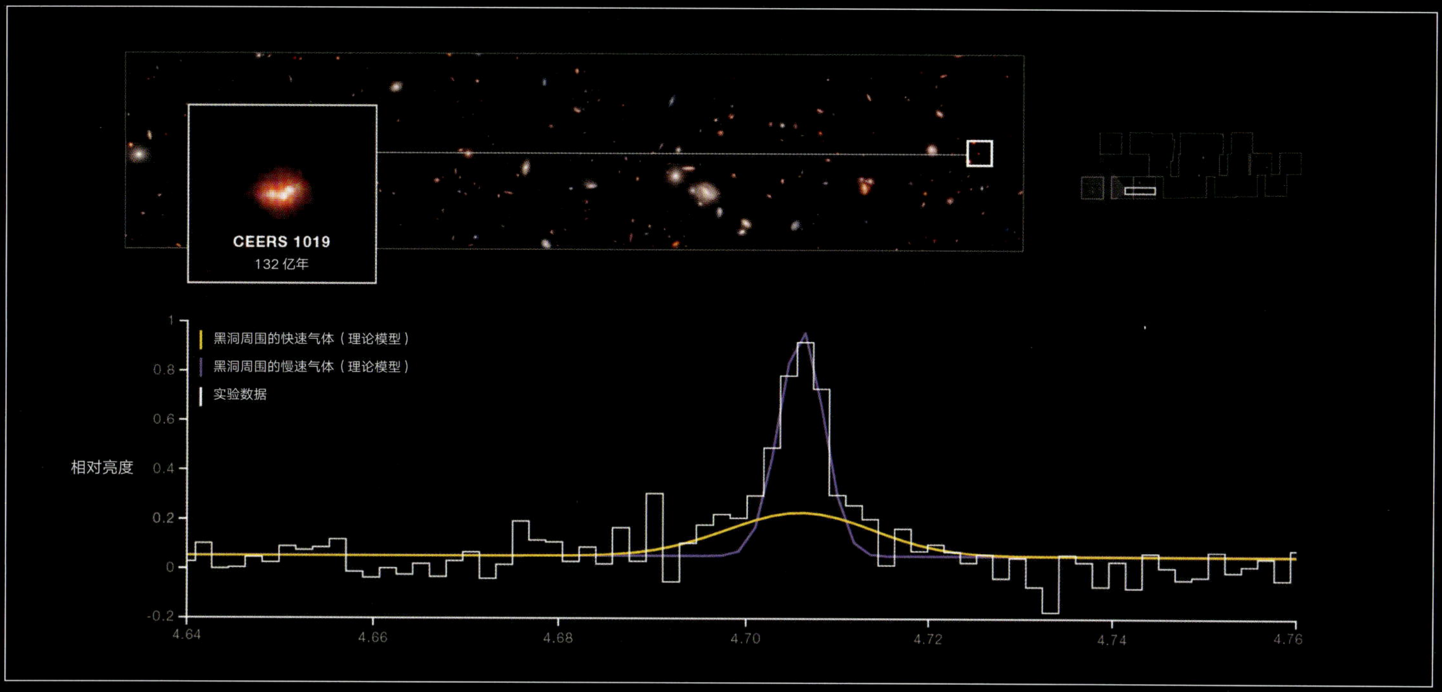

其他三个极远星系

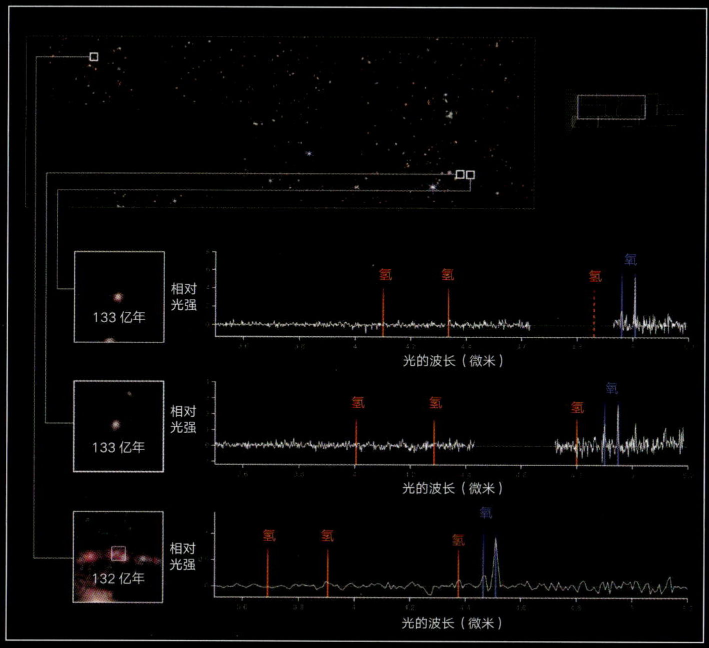

两个同样遥远的黑洞

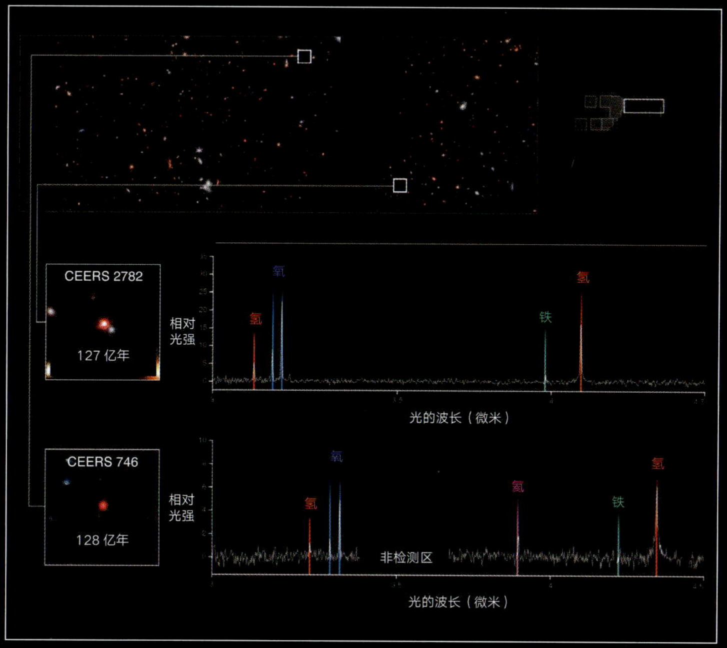

为了全面了解我们的宇宙是如何随时间推移而结构化的，我们只需了解星系如何聚集成星系群或星系团，再进而形成超星系团。为此，理想情况下，我们应该去观测一下正在形成的星系群。

一个神秘现象的出现

2023年4月，韦布望远镜发布了右页的图像。图中的四个小方框表示7个距离我们超过131.5亿光年的红外光源。尽管其他望远镜已经拍摄过这片天区，但这7个星系以前从未被探测过。如果没有图像底部几个白色星系形成的引力透镜的帮助，甚至连韦布望远镜也无法看到它们。

科学家分析了它们的光谱，发现它们的红移相同，说明它们与我们的距离相同，因此它们彼此相邻。这些星系组成了有史以来我们观测到的首个正在形成的星系群，这件事令人十分兴奋，原因有二。

第一，这些星系群似乎再次与标准模型描绘的宇宙演化大致一致：星系形成，相互作用，形成星系群，进而形成星系团和超星系团等等。

第二，事实上，这些星系群不完全符合标准模型，因为其中的星系太小、质量太大，而且太亮。就像前几页的星系和黑洞一样，按理来说，不应该在这么早的阶段就形成。然而，它们却切切实实存在于那里。

所以模型中应该是缺少了什么。所以这些星系才会比我们预测的时间形成得更早，或者成长速度比预期更快，或者两者兼而有之。这是个谜团。后面几页会再讨论这个问题。目前，我建议你继续透过韦布望远镜探索宇宙的过去，看看我们熟知的宇宙结构是如何继续形成的。

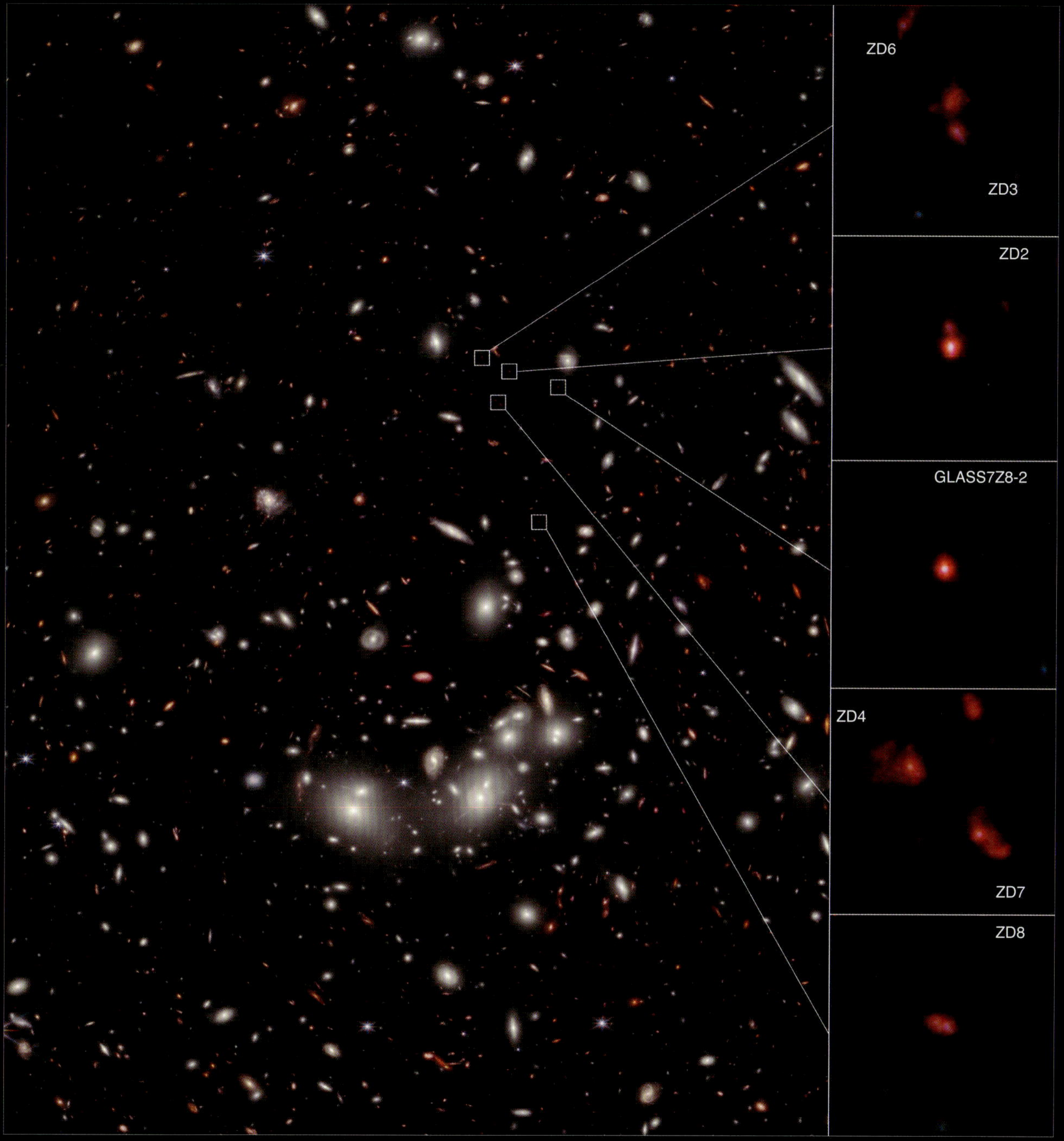
ZD6
ZD3
ZD2
GLASS7Z8-2
ZD4
ZD7
ZD8

十个小星系

另一个正在形成的星系群隐藏在这张韦布望远镜于 2023 年 6 月 29 日发布的图像中。这是由十个星系组成的群。

其中九个用肉眼很难发现。然而第十个是类星体，也就是中心带有活动剧烈的巨大黑洞的星系，这个黑洞加热周围物质产生的光，比整个星系内几十亿颗恒星产生的光还要多，甚至让韦布望远镜都感到眩目。在这个过程中形成了典型的衍射图样，但不是蓝色。你可以自己去找找。

找到之后，你发现的就不止一个星系了，而是三个，因为另外两个就在它旁边，是两个位于右侧的小红点，一个稍微靠上，一个稍微靠下。

这个星系群的其余七个星系位于左下，大致沿对角线排列。想找到它们也不太容易，但我可以给你一些提示：它们的红移相同，大致与靠近类星体的两个星系一样。整个星系群的长度延伸了约 300 万光年，而这张图的对角线长度为 500 万光年。想知道找对没有，可以去本书末尾核验一下。

图中的这十个星系是 130 亿年前，也就是大爆炸后大约 8 亿年时的样子。和前两页的星系一样，这些星系形成了已知最早的星系群之一。

名副其实的潘多拉星系团……

这张图中淡黄色的球状星系们组成了 Abell 2744，天文学家称之为潘多拉星系团。这个星系团之所以引起科学家的兴趣，是因为其中不仅有四个星系在 3.5 亿年前发生了碰撞，还形成了一个巨大的引力透镜。

这张图上叠加了两幅照片。第一幅是哈勃望远镜拍摄的，视野集中在中央，其中包含潘多拉星系团。第二幅是欧洲南方天文台的甚大望远镜拍摄的，视野更广，但捕捉的细节较少。

……以及它本不该存在的黑洞

韦布望远镜又一次访问了潘多拉星系团，于 2023 年 2 月 15 日拍摄了这张图像（跟第 181 页的图像一样，只是更大一些）。

将这张图像与哈勃 / 甚大望远镜获得的图像进行比较，可以再次体会到韦布望远镜的非凡能力。图中星系数量庞大，有 5 万多个。其中大多数是首次发现的。

研究人员注意到一个在图像上微不足道的小点。哈勃望远镜无法看到它，但在韦布望远镜的图像上很明显。这个小点极其遥远，只有通过多个星系形成的引力透镜才能探测到它，引力透镜会将这里的众多星系扭成弧状。到此为止还没什么特别之处，只有一点，那就是我们讨论的其实是个“点”而不是弧线。这非同寻常。即便受到引力透镜的扭曲，还能依然保持点状，这说明它的光源必须极其紧凑，光度极高，对此，科学家目前只有一个可能的解释：这是一个绝对巨大的黑洞，正在加热并撕裂一切离它太近的东西。

我们在几页前讨论过的神秘现象又回来了：根据标准模型，如此大的黑洞不可能在大爆炸后这么短的时间内就存在。这仍然是不可能的，而且这也并非个案：韦布望远镜还探测到了另一个类似的情况，翻过这页就能发现。在此之前，我建议你先找一下这个本不该存在的黑洞，就在本页，有个半透明的小箭头指着它。箭头确实不大（答案不在本书末尾），祝你好运。

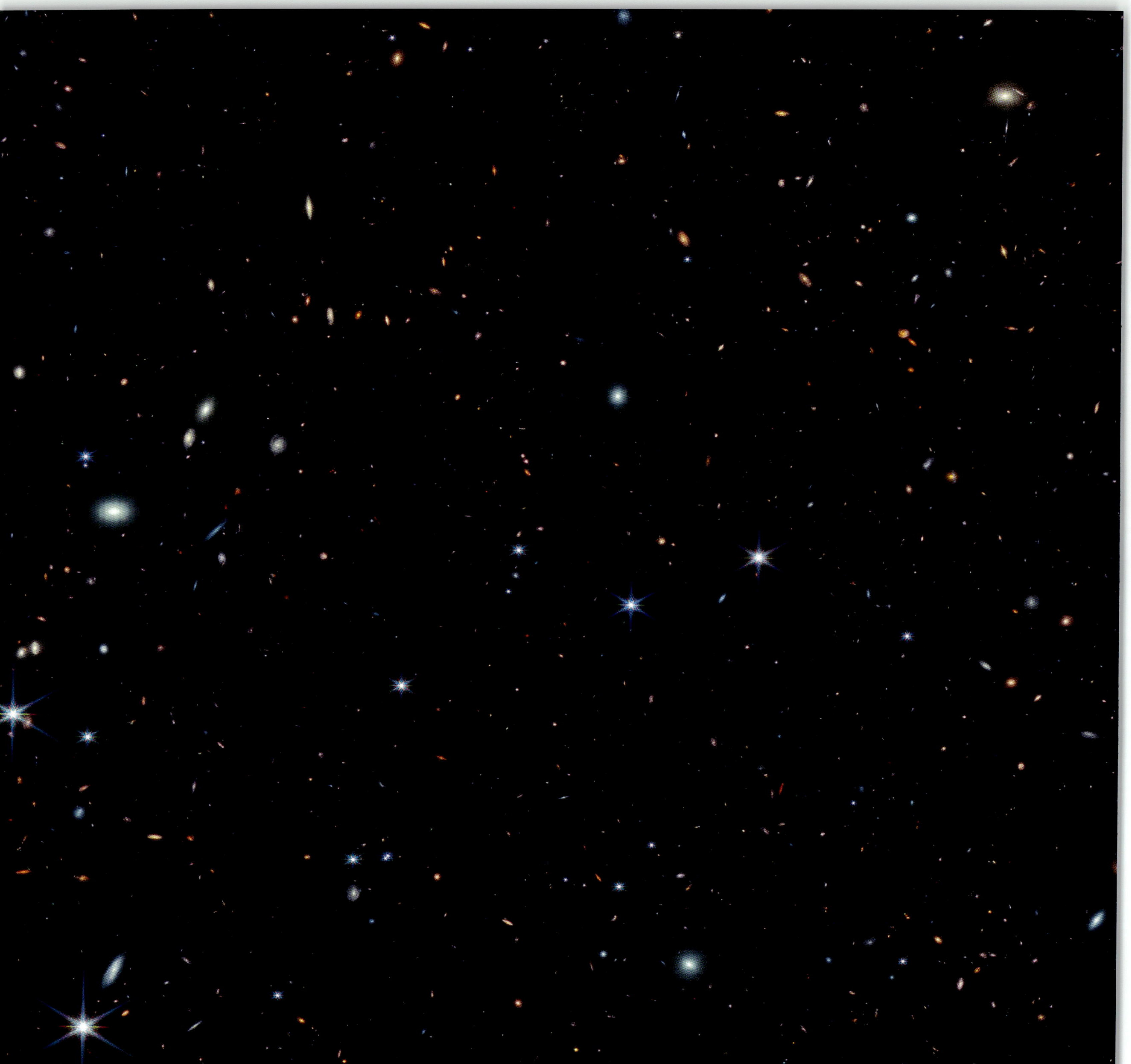

第三个不可能存在的黑洞

这张图像是韦布望远镜于 2023 年 6 月 12 日发布的。仔细观察可以发现，所有衍射图样都是蓝色的，唯独一个是红色的（就像第 182 页让你去找的那个一样）。这个衍射图样位于图像中心稍靠右的地方。这是又一个类星体，估计其中心黑洞的质量大约是太阳质量的 100 亿倍，距离我们约 129 亿光年。它竟能以如此之快的速度达到如此巨大的体积，让人又一次感到费解：要想长得这么大，自宇宙形成以来，每年必须吞掉至少十个太阳的质量才行……

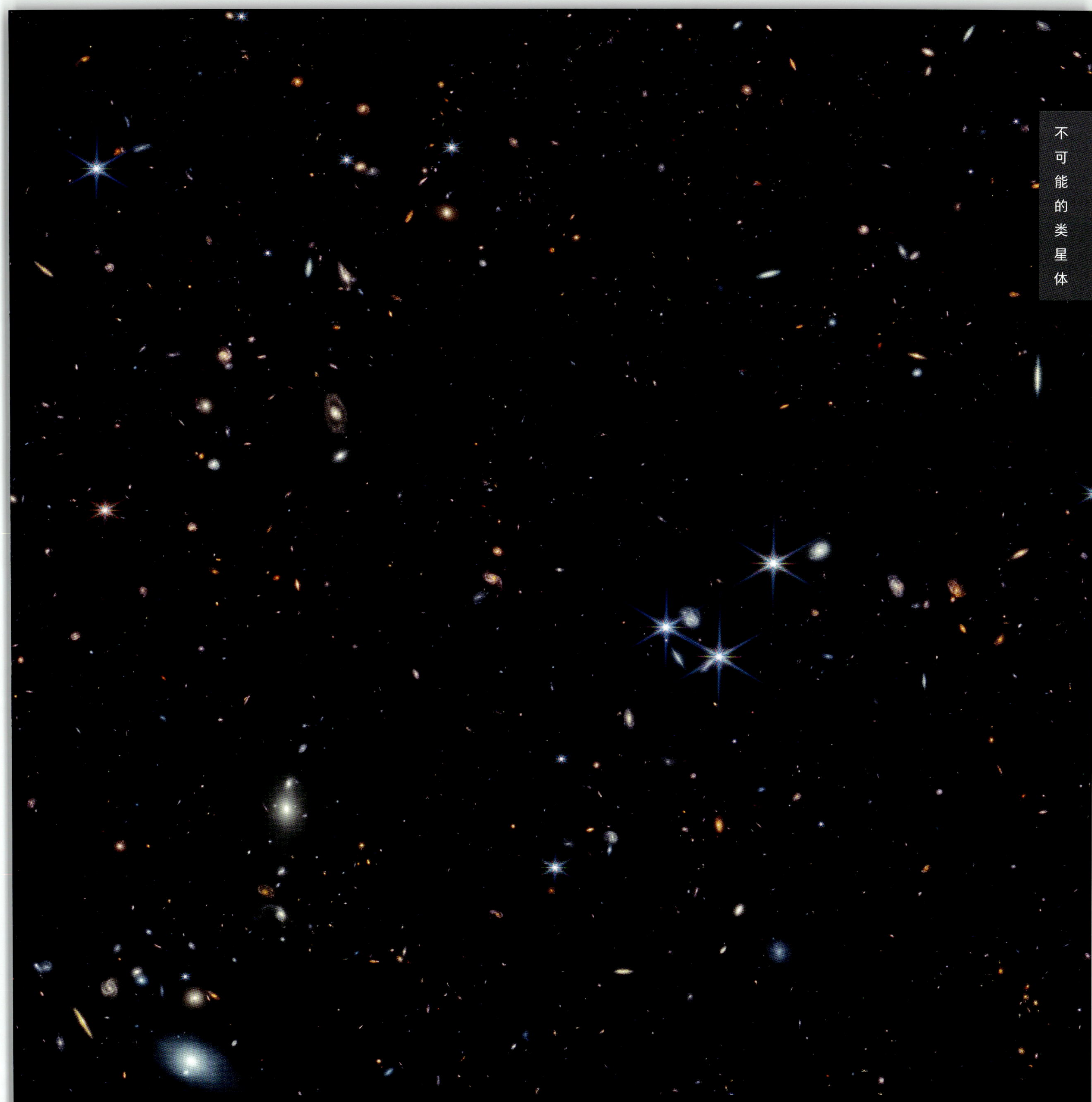

尽管这个谜团尚未解开，但事实是，这个类星体就在那里。利用它的超强光线，一个研究团队不仅确定了它周围发生了什么，还发现了我们与它之间发生了什么。

我们得以发现，充满氢的年轻宇宙是如何从不透明变成透明的。

解答两个谜团

雾是怎样消散的

138 亿年前，宇宙温度达到 2 700℃时，光终于能自由传播，因为之前阻碍光的电子最终被困在了氢原子内部（我们在第 165 页讲过这个问题）。但是，此时的宇宙与我们今天透明的宇宙不同，因为氢原子制造了一种无处不在的雾，宇宙雾。

有些区域密度比其他地方更大一些，吸引了周围的氢原子，形成越来越大、越来越热的物质云，最终在这些云内诞生了最初的恒星。

这些原始而庞大的恒星几乎完全由氢元素组成，在短暂的存在过程中，它们将氢转化成了更重的原子。一旦燃料完全耗尽，它们就在巨大的爆炸中死去。

通过分析上一页类星体的光，研究人员能够确定，正是这些恒星闪光的呼吸，使得宇宙雾变得透明。

从一个恒星到另一个恒星，从一个星系到另一个星系，这些恒星创造了空间中的透明泡泡，随着泡泡不断扩张，彼此逐渐融合，最终整个宇宙都变得透明。

从那时起，也只有从那时起，我们才能够像今天这样观测太空。要不是恒星肃清了我们的宇宙，我们不管近处还是远处的空间都看不到，会错过几乎一切。更不能找到另一个谜团的答案，几页之前我们就讨论过这个问题：最初诞生的恒星、黑洞以及星系的成长速度太快，形成得太早，无法在没有外界帮助的情况下完成。

暗物质的发现

20 世纪 70 年代，美国天文学家薇拉·鲁宾（Vera Rubin）对星系内恒星的成长速度很感兴趣，她仅凭分析恒星的轨迹，就证明了我们的宇宙不仅由地球上常见的物质组成，还必须有另一种未知物质，我们称之为暗物质或黑物质，但或许单纯称为“不可见物质”会更好，因为它不能与光发生相互作用，所以不能说它是黑色的，而应该说是不可见的。

因此，任何望远镜都无法直接观测到它们，即使是韦布望远镜也不例外。基于鲁宾的研究成果，许多研究人员都发现，暗物质的量应该是所有已知物质的 5 倍：对于我们看到的所有行星和恒星，应该有它们 5 倍质量的暗物质存在。我们对暗物质的性质一无所知，但我们知道它们就在那里，环绕着我们的银河系以及所有其他星系。没有它，星系就会像黑胶唱片上摆放的弹珠一样被甩得到处都是。

你刚刚看到的韦布望远镜的图像证实，尽管这种暗物质非常神秘，但它们已经存在了 138 亿年。它是我们宇宙结构最初演化的主要驱动力，加速了恒星、星系和黑洞的形成。

因此，谜团不再是我们的宇宙为何能够如此迅速地形成所有天体，而在于如何理解这种不可见的奇怪物质的起源和本质。

在未来几年，韦布望远镜可能会帮助我们解答这个问题。此外，欧洲空间局（ESA）于 2023 年 7 月 1 日发射的欧几里得卫星也将有助于我们更好地理解宇宙演化中的各种力量。

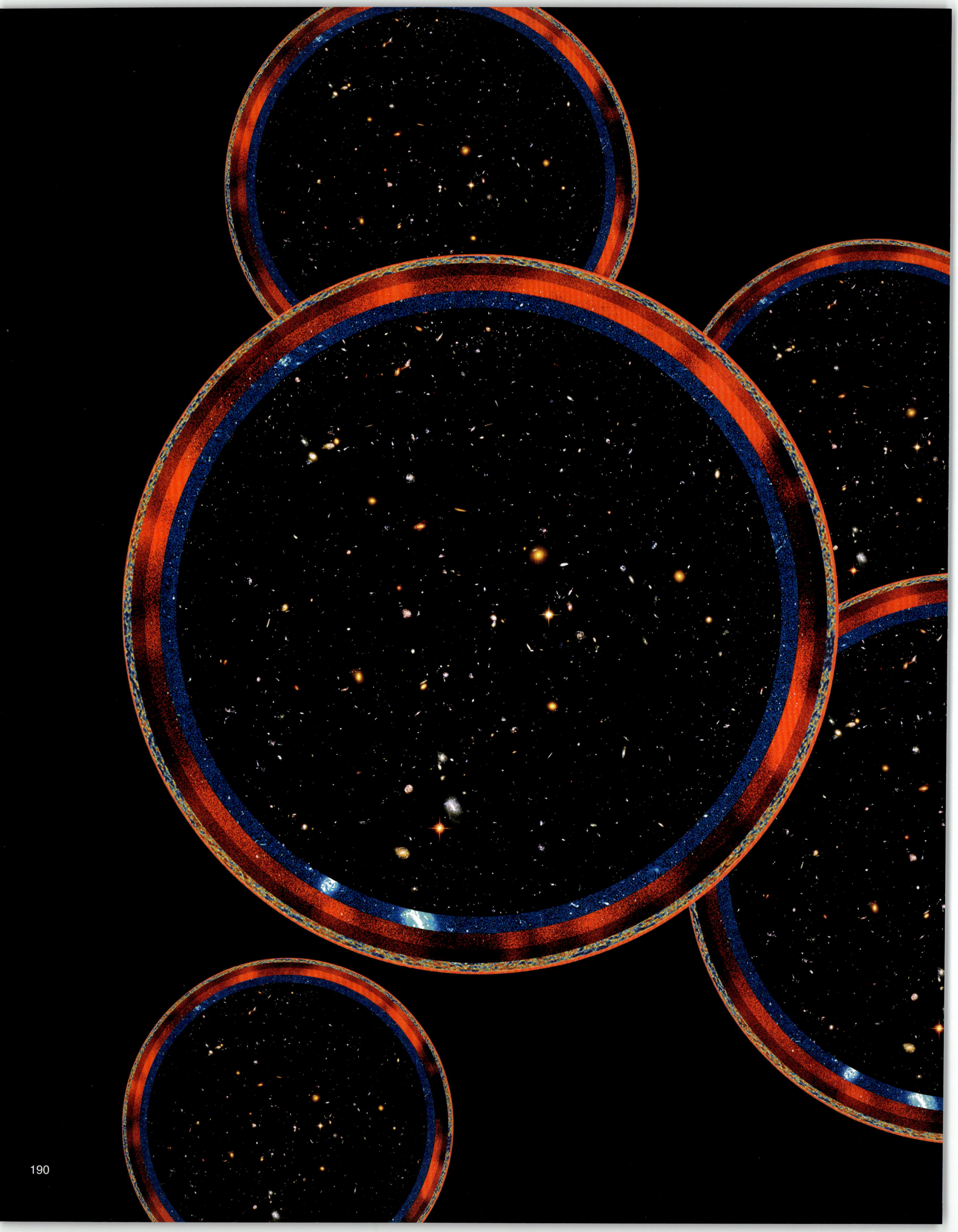

超越可见之物

你已经遍览了如今我们所知的宇宙。

你已经看到，从大爆炸这个过去的瞬间中，诞生了空间和时间，而一堵不透光的墙却遮挡了这一切，一直延伸到夜空的尽头。普朗克卫星为我们提供了它在微波波段的图像。这堵墙是我们用光能看到的极限。所有的光。

我们建造的所有望远镜，不管是地球上的，还是送入太空的，无论是在普朗克卫星发射之前，还是在它之后，观测的都是在这堵墙之后宇宙是如何演化的。在此之前的事情，我们无法看到。

自 2022 年 7 月以来，韦布望远镜让我们看到了几百万年之后会发生的事情，特别值得一提的是，它证实了最初的恒星和星系是如何借助不可见的神秘暗物质形成的，这种物质至今仍然存在于我们周围，维系着现在的宇宙。韦布望远镜的图像向我们展示了曾经充满宇宙的氢雾消散的全过程，揭示了像银河系这样的星系如何形成，又如何演化成今天的模样。

我们还无法知道，我们的望远镜在未来几周、几个月、几年，将会为我们带来什么样的额外发现，但可以肯定的是，我们已经踏上了通往宇宙新视角的旅程。这种视角可能会彻底颠覆我们所相信的一切。

比如说，其他宇宙现实是否存在？我们是否永远无法验证大爆炸创造了空间和时间？在它之前有什么事物？宇宙是否可能比我们所能看到的大得多？

我们如今对宇宙的理解，将我们置于一个被称为“可观测宇宙”的时空泡的中心。但宇宙学原理告诉我们，宇宙中不应该存在特权，因此宇宙中的所有其他地点，无论是否有其他生命体存在，都应该处于他们自己的可观测宇宙的中心。

因此，空间和时间中的每一个点都有一个自己的宇宙泡。我们的可观测宇宙，以及其中包含的所有过去，都只是无数宇宙史中的一个，它们也许彼此相似，也许又各不相同。也许还存在许多其他宇宙现实，会再次改变我们对存在的认知。

你可以再仔细回味一下这些话，想好之后，我们翻过这一页，不再探寻整个宇宙的起源和演化，而是开始探索我们的银河系，去寻找恒星和行星的起源和演化。

银河系

在我们的银河系中徜徉

探索银河系比探索宇宙其他部分更容易，也更困难。更容易是因为我们身处其中，一切都离我们很近。更困难在于，正因为身处其中，它里面巨大的尘埃气体云经常会阻挡我们的视野。

不过这些星云恰恰是我们感兴趣的重点，因为它们与行星和恒星的历史密切相关。

银河系是一个经历过风风雨雨的星系。

科学家估计，银河系存在期间，吞噬过多达 15 个其他星系。

右页左下角小图中的弧线，称为星流，是其中一些星系的残留物：围绕银河系运转着，由恒星组成的长长丝带。

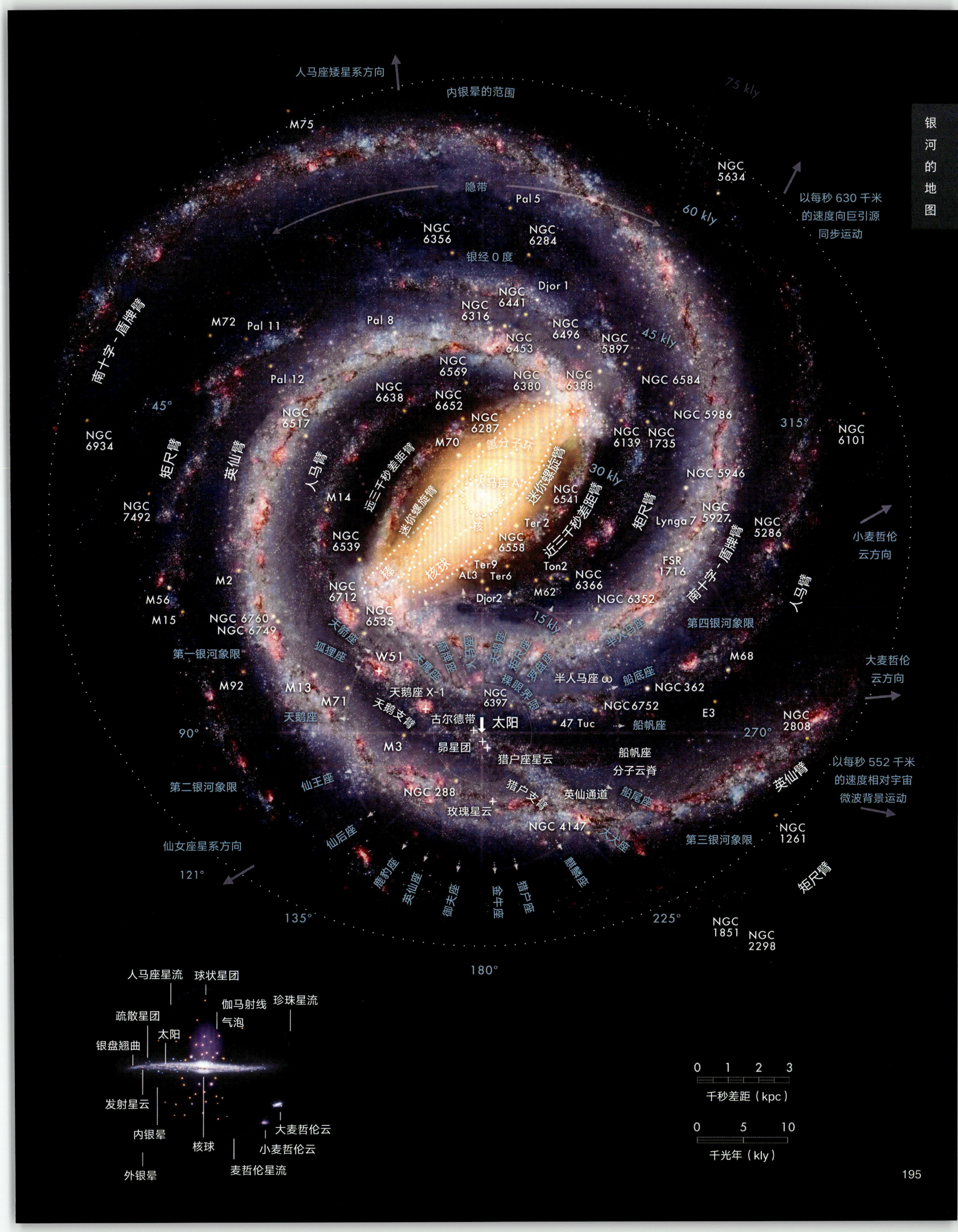
人马座矮星系方向
内银晕的范围
75 kly
M75
NGC 5634
以每秒 630 千米的速度向巨引源同步运动
隐带
Pal 5
60 kly
NGC 6356
NGC 6284
银经 0 度
Djor 1
NGC 6441
NGC 6316
南十字 - 盾牌臂
M72
Pal 11
Pal 8
NGC 6496
NGC 6453
45 kly
NGC 5897
Pal 12
NGC 6569
NGC 6380
NGC 6388
NGC 6584
NGC 6638
NGC 6652
45°
NGC 6517
NGC 6287
NGC 5986
315°
NGC 6934
矩尺臂
英仙臂
人马臂
近三千秒差距臂
M70
氢分子环
NGC 6139
NGC 1735
NGC 6101
人马座 A
迷你螺旋臂
30 kly
NGC 5946
M14
NGC 6541
NGC 7492
核
Ter 2
Lynga 7
NGC 5927
NGC 5286
NGC 6539
NGC 6558
小麦哲伦云方向
棒
核球
Ter9
AL3
Ter6
Ton2
FSR 1716
M2
NGC 6712
NGC 6366
Djor2
M62
NGC 6352
M56
M15
NGC 6760
NGC 6749
NGC 6535
15 kly
第四银河象限
天箭座
半人马臂
第一银河象限
狐狸座
W51
盾牌座
天鹰座
人马座
天蝎座
矩尺座
豺狼座
M68
大麦哲伦云方向
M92
M13
天鹅座 X-1
裸眼界限
半人马座 ω
船底座
NGC 362
M71
天鹅支臂
NGC 6397
NGC 6752
E3
天鹅座
古尔德带
太阳
47 Tuc
船帆座
NGC 2808
90°
270°
M3
昴星团
猎户座星云
船帆座分子云脊
以每秒 552 千米的速度相对宇宙微波背景运动
英仙臂
第二银河象限
仙王座
NGC 288
猎户支臂
英仙通道
船尾座
玫瑰星云
NGC 4147
仙女座星系方向
仙后座
大犬座
第三银河象限
NGC 1261
121°
鹿豹座
英仙座
御夫座
金牛座
猎户座
麒麟座
矩尺臂
135°
225°
NGC 1851
NGC 2298
180°
人马座星流
球状星团
伽马射线气泡
珍珠星流
疏散星团
太阳
银盘翘曲
发射星云
内银晕
核球
外银晕
大麦哲伦云
小麦哲伦云
麦哲伦星流
0 1 2 3
千秒差距（kpc）
0 5 10
千光年（kly）

恒星的命运

已知最古老的恒星名为玛土撒拉，已经闪耀了大约 137 亿年。它位于银河系，诞生之时，宇宙仍处于童年，笼罩在浓密的氢雾之中，后来恒星吹散了这片雾霾。玛土撒拉星见证了这一切。它经历了整个宇宙史。甚至在它诞生后又过了约 90 亿年，太阳和地球才出现在这个已经变得透明的宇宙之中。

行星和恒星的主要区别在于，恒星自身能发光，行星却不能。根据定义，恒星是一个质量足够大的天体，核心压力大到能让其中的氢原子核相互碰撞、融合，产生所谓的热核聚变反应。这种反应是恒星能量的基础：它让恒星发光。相比之下，行星太轻太小了，无法进行任何核融合，所以行星本身也就无法发光。

还记得阿瑟 · 爱丁顿吗？第 145 页提到过他和日食的事情。他的研究成果让我们理解了恒星内部的运作情况，而苏布拉马尼扬 · 钱德拉塞卡尔（Subrahmanyan Chandrasekhar）的工作则让我们得以推断出恒星的命运，他也因此获得了 1983 年的诺贝尔物理学奖。以他的名字命名的钱德拉卫星在 X 射线波段观测着我们的宇宙。

恒星的质量越大，内核的压力就越大，氢原子聚变速度就越快。质量最大的恒星在几百万年内就会耗尽能源储备，然后变成超新星，也就是爆炸。超新星会持续几天，但发光强度相当于数十亿个太阳。在爆炸过程中，较小的原子会聚变成像金元素这样比铁更重的元素。在超新星残骸中，我们可能会发现一些极端天体：中子星或黑洞。

较小的恒星不慌不忙地锻造着原子，它们熄灭的时候也不会炸出绚丽的烟花。这种恒星内核的压力更小，内部的氢原子要数十亿年才能消耗殆尽。我们称它们为红矮星。银河系中大多数恒星都是红矮星。

太阳虽然只是一颗中等大小的恒星，但它也的确是颗恒星。太阳的内核每秒会将约 6 亿吨氢原子融合，转化为氦。太阳的初始储备让它能燃烧近 100 亿年。现在太阳已经存在 50 亿年了，处于生命半程，状态良好。

与玛土撒拉这样的恒星不同，太阳不是原始恒星，不是所谓第一代恒星。如果它是的话，那太阳的原子组成应该只有氢原子和氢原子聚变产生的氦原子。从光谱中可以看出（第 16 页），即使在太阳表面也含有许多其他更重的原子，其中有些只有在巨大恒星死亡时才能产生。

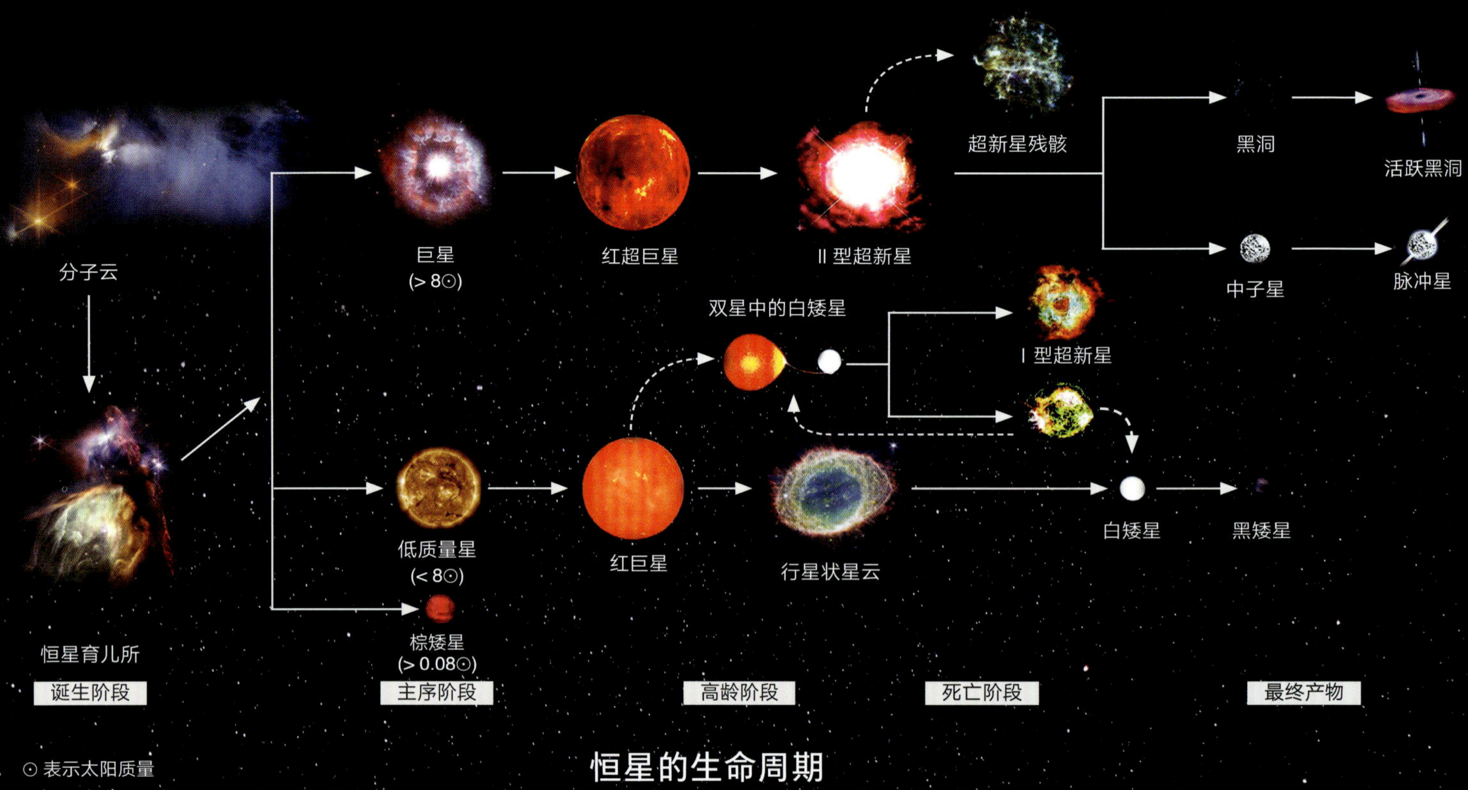

恒星的生命周期

要理解太阳的起源，从而理解地球的起源，就需要理解恒星的尘埃，以及所有这些原子是如何抵达地球的。

本页的图片是所谓的行星状星云。

行星状星云是由恒星喷射出的尘埃云。通常具有圆形的几何形状，因此我们的祖先认为它与行星类似。如今我们已经知道，它们实际上与行星无关，但“行星状”的称号却保留了下来。

这个星云名为南环星云（NGC 3132），距离地球 2 000 光年。上面的图像是由哈勃望远镜拍摄的，下面两幅是由韦布望远镜拍摄的。右下的图像中，我们看到星云中心并不只有一颗恒星，而是两颗，这就能解释云团其余部分的形状了：两颗恒星互相绕转时，较小恒星的表面物质在较大恒星的强大引力下被抛出，形成了我们在此处看到的物质环。

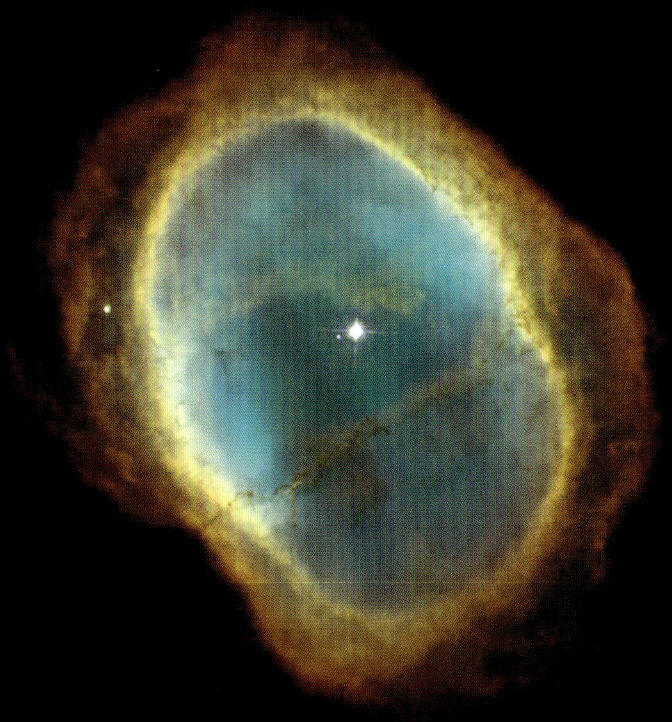

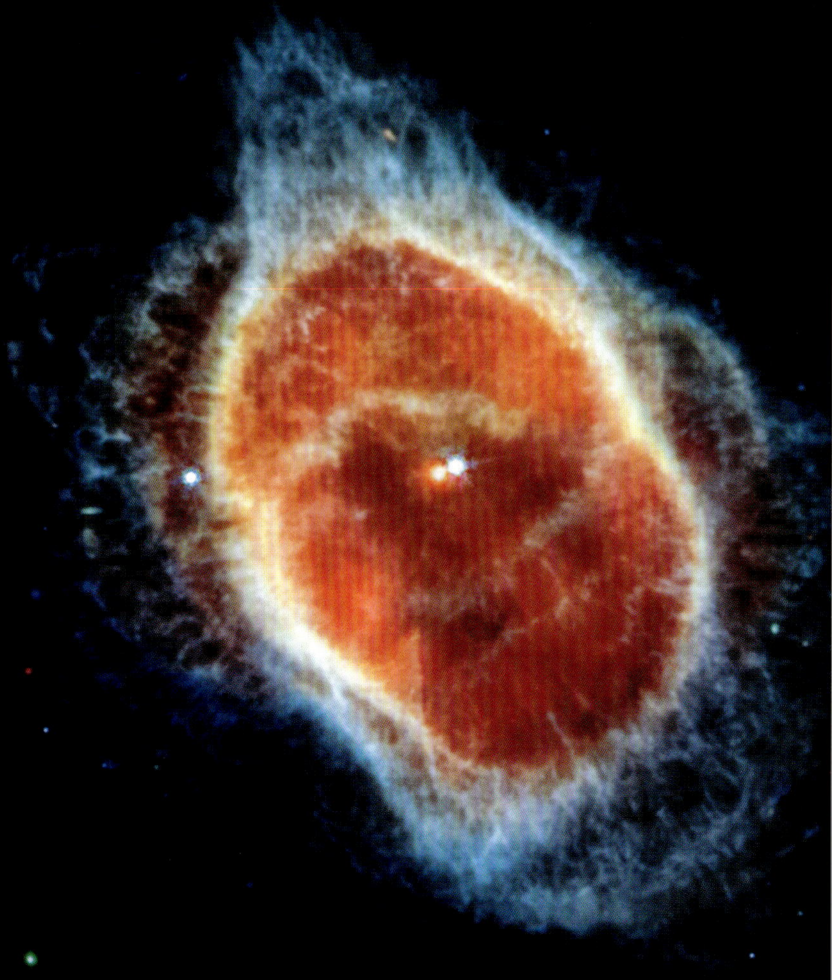

尘埃的起源

几万年前，在如今叫作“环状星云”的位置有一颗恒星。这里展示了两张图片：一张是 2023 年 8 月 29 日发布的韦布红外图像（本页），另一张是 2013 年 5 月 23 日发布的哈勃可见光图像（右页）。

这是一颗红巨星。

在生命的尽头，红巨星会连续爆炸，将表面的物质逐层抛出去，形成壮观的圆形云团，这些云团会被垂死的恒星内核照亮。太阳的命运就是成为一颗红巨星，然后诞生一个类似的星云。这样的事情会在大约 50 亿年后发生。

环状星云距离地球 2 200 光年，是天空中最著名的星云之一。在地球几乎所有地方都能用双筒望远镜观测到它，但没有人看到过韦布望远镜揭示的这些细节。

比如，星云外部好像有一圈尖刺，这让整个星云看起来像一只海胆。而在此之前，即使用哈勃望远镜观测也几乎无法辨认出这些尖刺。科学家刚刚弄清楚这些尖刺的成因：它们是一些分子发出的光，这些分子聚集在环上的小云之中，垂死恒星的辐射照亮了它们。如果仔细观察，我们也能看到这些小云，它们看起来像团块，是由氢分子组成的。在这张图像上，我们可以数到超过 20 000 个这样的团块。

环状星云的光谱分析还显示了其他一些分子的存在，而这些分子在地球上被认为是污染物。这引起了科学家的兴趣，因为他们没有想到会在那里发现它们。它们是名为多环芳烃的碳基分子。

在我们的宇宙中，恒星是唯一能够将小原子融合成更大原子的天体。科学家要寻找可能诞生我们这样的行星的尘埃来自哪里，自然把目光转向了这些巨大的恒星，它们在生命结束时变成超新星，发生爆炸，将自己一生中锻造的原子抛向远方。

这个想法很吸引人——这些能够制造出最大原子的恒星，在死亡时就像撒播种子一样，将这些原子散播出去，变成尘埃，然后尘埃聚集形成石块，再变成新的恒星以及行星。只不过这个过程并没有真正得到证明。为此，必须大量寻找离我们非常近的超新星残骸，以便用望远镜进行分析。到 2023 年为止，只发现了一个这样的超新星。它就是 SN1987A，也就是早在我们太空旅程的开始阶段（第 43 页），你在大麦哲伦云中经过的那个粉红色美丽圆环。

情况在 2023 年 7 月 5 日发生了变化，当时韦布望远镜发布了另外两个超新星的图像，这两个超新星距离我们 2 200 万光年，位于一个名为 NGC 6946 的星系内。对它们的残骸分析表明，每次这样的爆发都会在空间中散播大量的尘埃。仅仅其中一个超新星的尘埃就足以制造 5 000 多个地球。

如今，散布在星系中的恒星育儿所不再仅由氢组成，是因为已经陨灭的恒星锻造出的原子丰富了元素构成。这就是为什么在像太阳这样的恒星和像地球这样的行星中会发现重元素：这些恒星和行星中有一部分源自恒星尘埃。

带着这些观点，你现在动身前往其他恒星育儿所，这些地方离我们一个比一个近，你希望能观测到恒星或行星的诞生。

这是船底座星云，是 1752 年法国人尼古拉－路易·德·拉卡耶（Nicolas-Louis de Lacaille）发现的巨大星云。取这个名字并不是因为它是船底座矮星系的一部分（它是银河系的一部分），而是因为它们在天空中都位于船底座的方向。

这个星云由氢原子、氦原子，以及数千颗已死的恒星在爆发时产生的金属元素组成。这张跨页图是 2007 年在纳米比亚的卡拉哈里沙漠拍摄的。在后两页你会看到镜头拉近它的核心，再后两页则会更近。

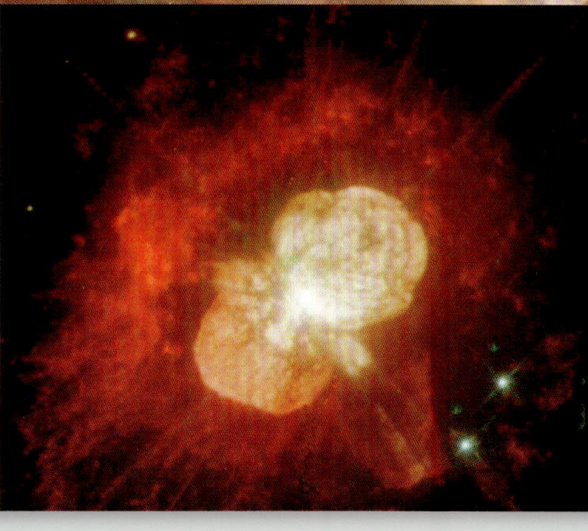

这两张图都是哈勃望远镜拍摄的。

它们显示了船底座星云的核心部分。

科学家认为，这里类似于 50 亿年前那个孕育了太阳、地球和我们在宇宙中其他所有近邻的地方。

建议你试着在图中找一找底部的四个细节（答案在书末），按你自己的节奏去探索就好。

左页左下角的图还是从纳米比亚看到的船底座星云。

我把它在这里又放了一遍，方便我们找到角落那个近乎白色的星云。

这就是 NGC 3324。

是通过哈勃望远镜看到的样子。

创生之柱

这是三张创生之柱的图片。左边的两张是哈勃望远镜2015年拍摄的。第一张是可见光波段。第二张是近红外波段，让你看透原初的尘埃，显露出万千隐藏的星辰。

右边的照片是韦布望远镜拍摄的，于2022年10月19日发布。

你现在将韦布望远镜转向离我们更近的一座星云，这就是鹰状星云，距地球约 6 500 光年。

这幅图像上的每一种伪彩都对应一种原子，黄色是硫，蓝色是氧，红色是氢，这再次证明了氢无处不在（到处都是红色），同时也存在重元素，而重元素必然是在现已死灭的恒星内部锻造出来的。

在这幅图的正中，你能看到我们的宇宙中最有象征性的星云。

它的名字就是创生之柱。

这第四幅创生之柱的图像也是由韦布望远镜拍摄的。我们可以感到，那些巨柱的顶端正在发生一些非同寻常的事情。我们甚至可以看到里边的光，这光可能意味着恒星的诞生。不幸的是，这座星云离我们还是太远，即便有韦布望远镜，我们也没法看到那里正在发生的事情的更多细节。

我们需要一个足够近的星云，让韦布望远镜能够钻透层层尘埃，一窥它的内部。

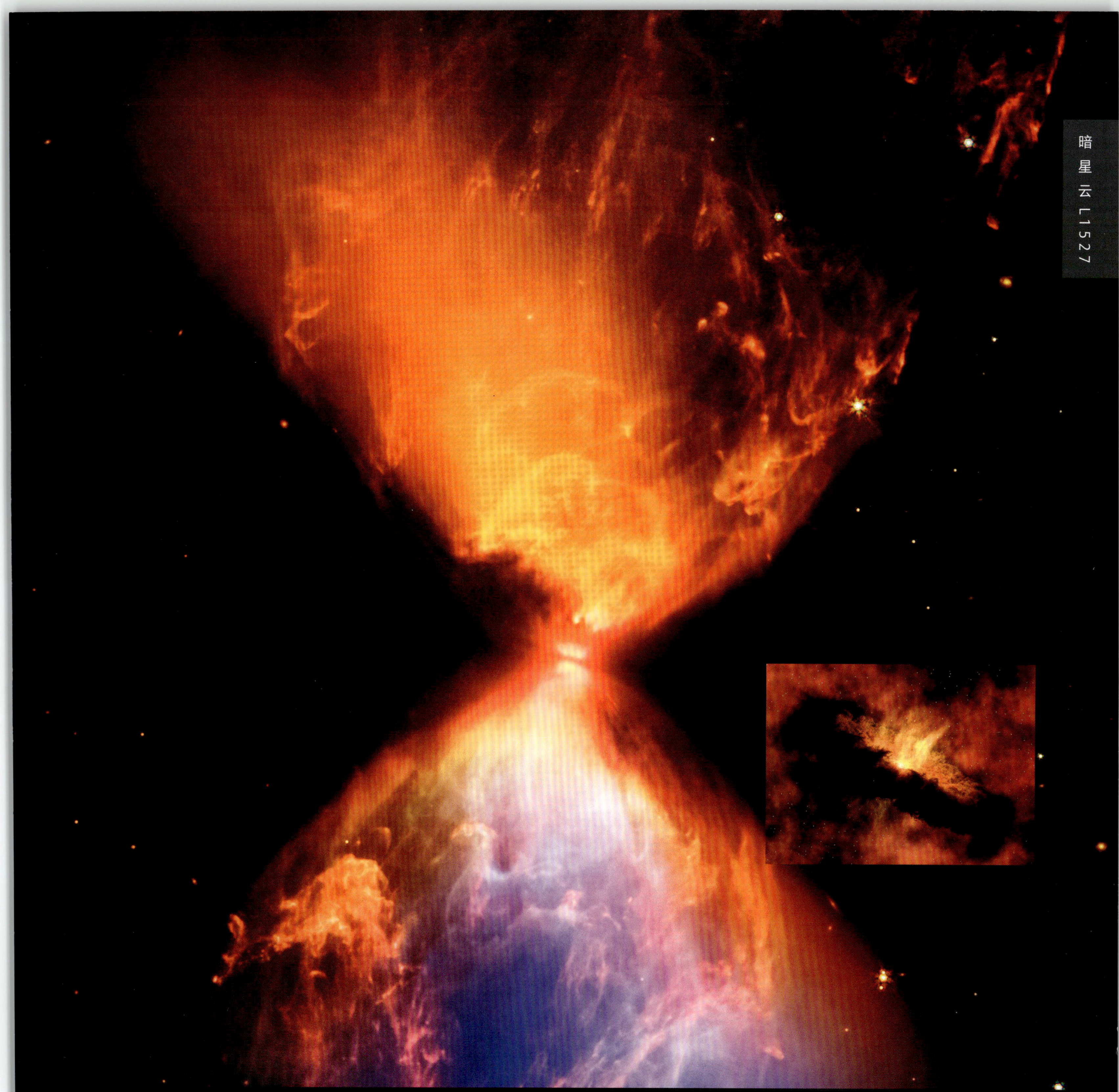

上图是韦布望远镜于 2022 年 11 月拍摄的。这是一个距离我们 457 光年的星云。

仔细观察它的中心，可以看到有一根暗条将光水平分成了两部分。这根暗条是一个尘埃环，如方框中所示。

环的中心，一颗恒星正在诞生。

热核聚变还没有开始，不过用不了太久了。目前，正在形成的恒星吸收着向它坠落的尘埃，将其中一部分从两极（上下）喷射出去，产生了一股强大的粒子流，造成了巨大的空洞，洞墙闪闪发光，形成沙漏的形状。这颗尚未诞生的恒星被命名为 L1527。

在它旁边，哈勃望远镜看到了其他正在诞生的恒星。翻过这页就能看到。

众星诞生

这是 2014 年哈勃望远镜拍摄的图像。

图中有三颗正在诞生的恒星，分别是金牛座 XZ（引发了四分支衍射图样的那颗星），金牛座 HL（在前一颗的右上方，位于蓝色星云中），金牛座 V1213（位于右下方）。它们都距离我们大约 450 光年。

其中两颗恒星可以看到一两个物质喷流。右下方的恒星喷流很明显，但在蓝色星云中的恒星左侧也有一个几乎水平的淡橙色喷流。

这些喷流与巨大黑洞发出的喷流非常相似，但要小得多。

通常来说，发出这些喷流的恒星周围会有一个盘状物，在这个“盘”中形成行星。但是想要成功放大看到“盘”的细节是极其困难的。

这一壮举在 2014 年由位于智利的欧洲南方天文台阿塔卡马大型毫米波阵望远镜（ALMA）首次实现。它对图中最上边的恒星金牛座 HL 进行了放大。

这是金牛座 HL 的邻近区域，由 ALMA 望远镜拍摄。

这是我们有史以来第一次拍摄到恒星诞生的图像，于 2014 年发布。

恒星本身隐藏在中央的盘状物中，这个“盘”被称为原行星盘，因为其中的暗色环是正在诞生的行星的轨道。最初存在于其中的尘埃首先变成石块，然后这些石块通过不断碰撞聚集成小行星，最终形成行星。

太阳、地球和太阳系的其他行星都是 46 亿年前在一个类似的原行星盘中诞生的。

行星诞生

如今，科学家已经在太空中观测到了几十个原行星盘，其中包括 2018 年由 ALMA 望远镜拍摄的下面这 20 个。然而，我们在这些图中看不到行星。要看到行星，还需要进一步放大，这就是 ALMA 望远镜和甚大望远镜正在进行的工作。它们的成果展示于本页底部：这是同一颗恒星（PDS 70）的两张图像，位于距离我们 370 光年的地方，周围正在诞生两颗不同的行星。为了便于探测到这些行星，我们用一个小黑圆片遮挡住了恒星本身的光，不然亮度较低的行星就看不见了。左下图是甚大望远镜在 2017 年拍摄的，这是人类有史以来首次直接拍摄到行星正在形成的图像。右下图是 ALMA 望远镜在 2021 年拍摄的，显示了稍远处的第二颗行星。我们知道至少还有第三颗行星存在，但它没有出现在图中。

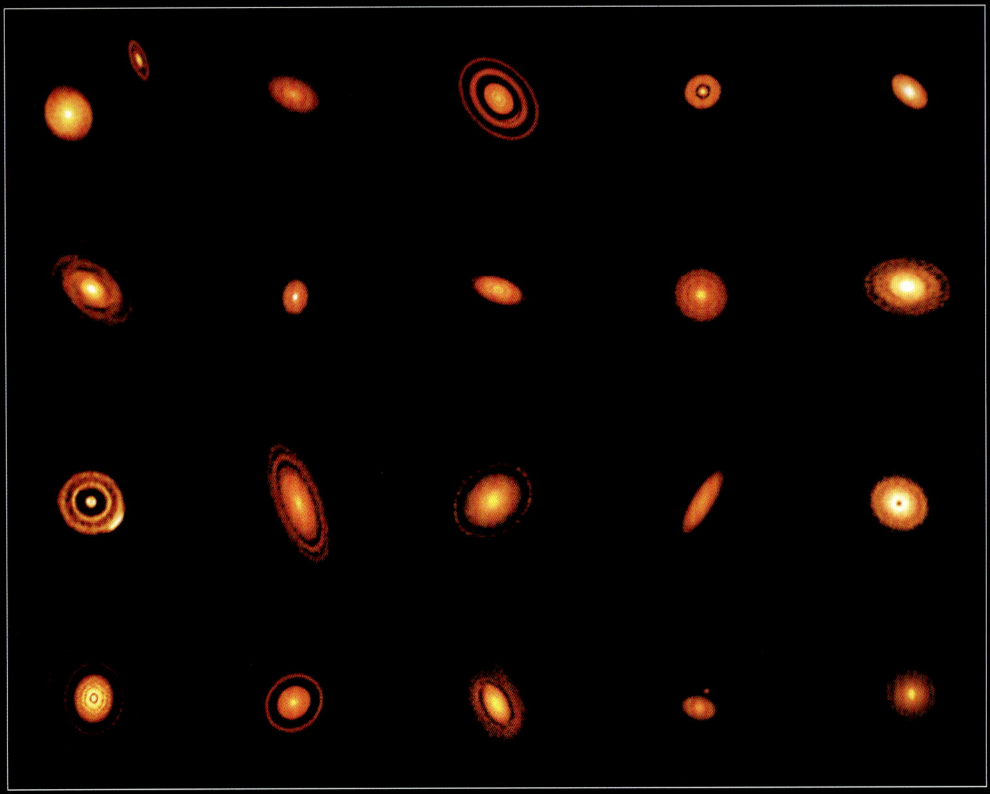

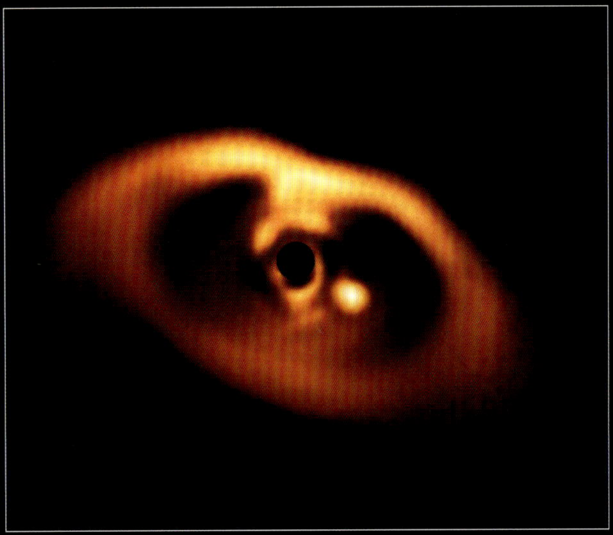

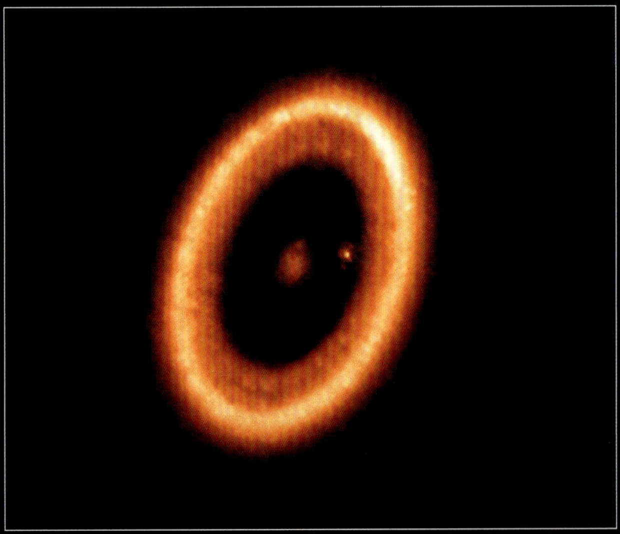

大多数年轻恒星会将形成它们的盘状物质喷出一部分来，形成如第 218 页中的喷流。这些喷流又被称为赫比格 - 阿罗天体（Objets de Herbig-Haro），用以纪念最早研究它们的天文学家乔治 · 赫比格（George Herbig）和吉列尔莫 · 阿罗（Guillermo Haro）。我们现在已经发现了几十个这样的天体。上图中的赫比格 - 阿罗天体位于距离我们 1 500 光年的地方，比你刚刚看到的行星诞生地稍远，但它最令人印象深刻，也最具代表性。图中看不到恒星本身，也看不到原行星盘，但可以看到壮丽的喷流。这个天体叫作赫比格 - 阿罗 24（HH 24），第 218 页中的喷流分别属于 HH 30（右下角的恒星）和 HH 150（上方的恒星）。

赫比格 - 阿罗天体（及其喷流）表明在尘埃云中有恒星正在诞生。这种天体表明，存在一个原行星盘，里面可能正在形成行星。

怀着激动的心情，我们现在逐渐转向离地球最近的恒星诞生地——蛇夫座ρ，这是 2023 年 7 月 12 日韦布望远镜拍摄的图像。

五十颗崭新的太阳

这张图像无疑是近年来所有望远镜拍摄的最壮观的太空图像之一。

图中大约有 50 颗与太阳大小相近或稍小的恒星正在诞生。

你一定认得它们发出的喷流——赫比格 - 阿罗天体。它们呈红色，遍布整个图像，交叉、碰撞。其中一个巨大的喷流几乎斜穿整张图。发出这个喷流的恒星隐藏在图像中央偏右的黑暗尘埃云后面。

在上方偏左的位置上，似乎有两个黑色锥体从一颗极亮的恒星发出。这些锥体是围绕这颗年轻恒星原行星盘的阴影。

在它左边不远处有两颗小恒星。如果你仔细看看位置较高的那颗，可以发现一个沙漏的形状，中间有一条黑线，就像第 217 页的图像一样。这说明那里也有一个尘埃盘，可能正在形成行星。

在图像下方的黄色部分可以看到一个巨大的空洞。这个空洞是位于中央的恒星吹出的，恒星发出美丽的衍射图样。以前我们从未如此细致地看到这样的空洞。

事实上，这张图中包含了太多宇宙事件，在此无法一一描述，但你现在已经有了独立分析的经验。

研究人员希望能把所有光线分析完全，从而确定不同云层的成分，以及隐藏在各处的恒星和行星的成分。要是发现可能构成生命基本单元的分子，岂不是非常奇妙？

例如，有一种分子，甲基阳离子，由一个碳原子和三个氢原子组成，你可能还记得，我们在旅行之初讲过它（第 15 页）。科学家在 20 世纪 70 年代预测了它会出现在星际云中。检测到它有助于我们理解许多更复杂的分子是如何结合在一起的——这对我们所知的生命至关重要。然而，直到不久之前，它一直未被发现。是的，不久之前，因为韦布望远镜刚刚将它的镜头对准了猎户座星云……

蛇夫座ρ

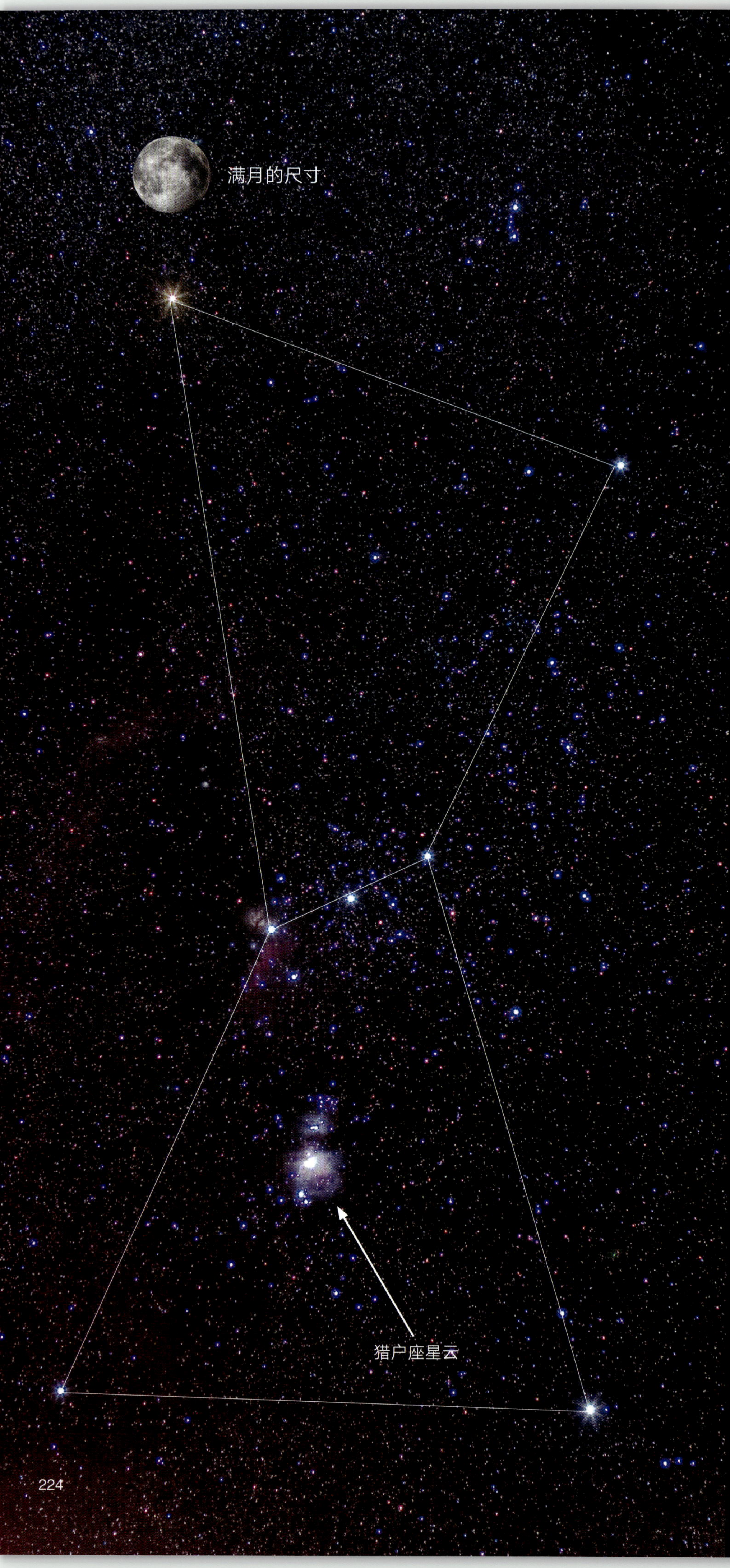

特殊的星云

猎户座星云（M42）距离我们 1 344 光年。它是我们银河系近邻中最活跃的恒星育儿所，因此它非常明亮，在地球上甚至用肉眼都能看到。

事实上，就算没有任何设备，想在夜晚找到它也不难：只需在天空中先识别出猎户座，找它就很容易。猎户座很大，形状也很有特色。如左图所示，我们已经用线连出了猎户座的外观，方便你识别。中央连成一条线的三颗恒星形成了所谓的猎户座腰带。

至于猎户座星云，是位于腰带下方的小云。右页是 2006 年哈勃望远镜拍摄的图像。

韦布望远镜特别关注将中心明亮的黄色区域和右侧较暗的粉色部分分开的尘埃线。这条线被称为猎户座条带。韦布望远镜瞄准了这条线上的区域，位于三颗略显蓝色的恒星之上。我们用一个透明的小箭头标出了。

猎户座星云（M42）

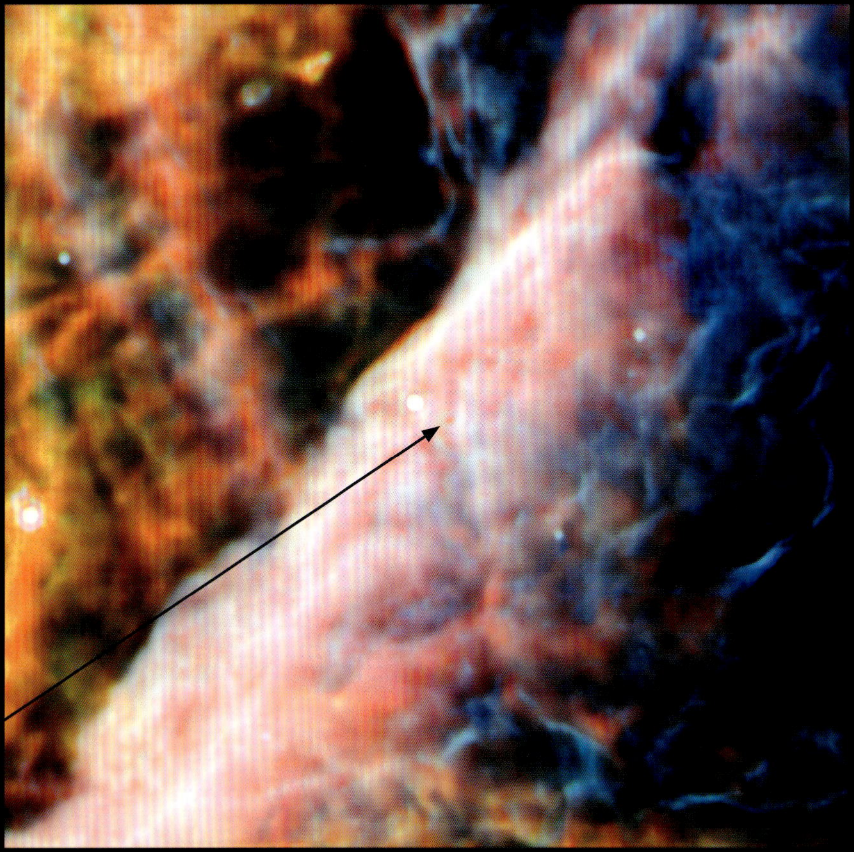

失落的一环

这张图像发布于 2023 年 6 月 26 日，是韦布望远镜对猎户座条带连续三次变焦后拍摄的结果。

第一张是左页显示的近红外图像。跟随白色箭头，你会找到一个小斑点。这个斑点引起了科学家的注意。

第二张是本页右上方进一步放大后的中红外图像。它聚焦于斑点周围的区域，箭头指示着斑点。尽管从一个红外波段转到另一个波段，颜色有些许变化，但我们还是很快就能认出两幅图中一些共有的恒星。

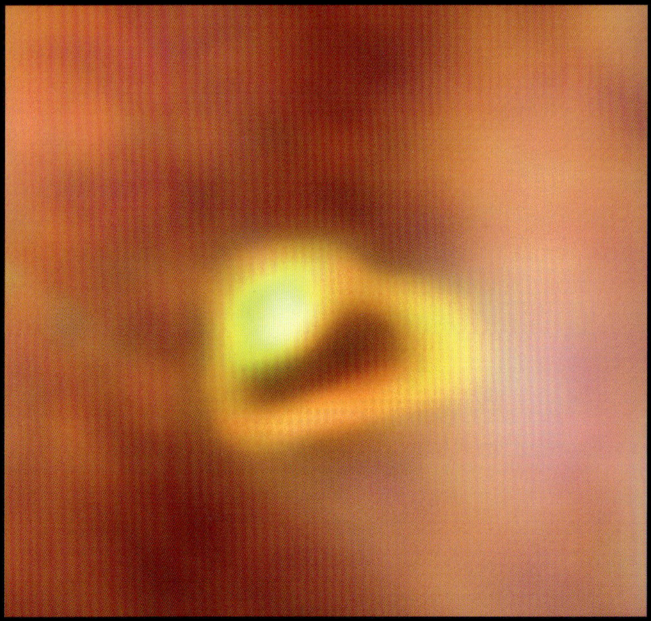

左侧是斑点本身的高倍率放大图。这是一颗正在诞生的恒星，周围分布着行星，包裹在原行星盘中。

这次，不是仅此而已。

在这里，科学家终于找到了他们几十年来一直在寻找的分子：甲基阳离子，这个著名的中间分子是我们理解生命分子时缺失的环节之一。

有朝一日，图中的黄褐色小斑点或许会成为一个拥有生命的恒星系统。

蛇夫座 ρ 星云中即将诞生的 50 个太阳也同样有可能。

虽然也有很大概率不会。

这一切传递给我们的信息相当明确：我们的宇宙中存在无数行星，而我们才刚刚开始发现它们。

大千世界

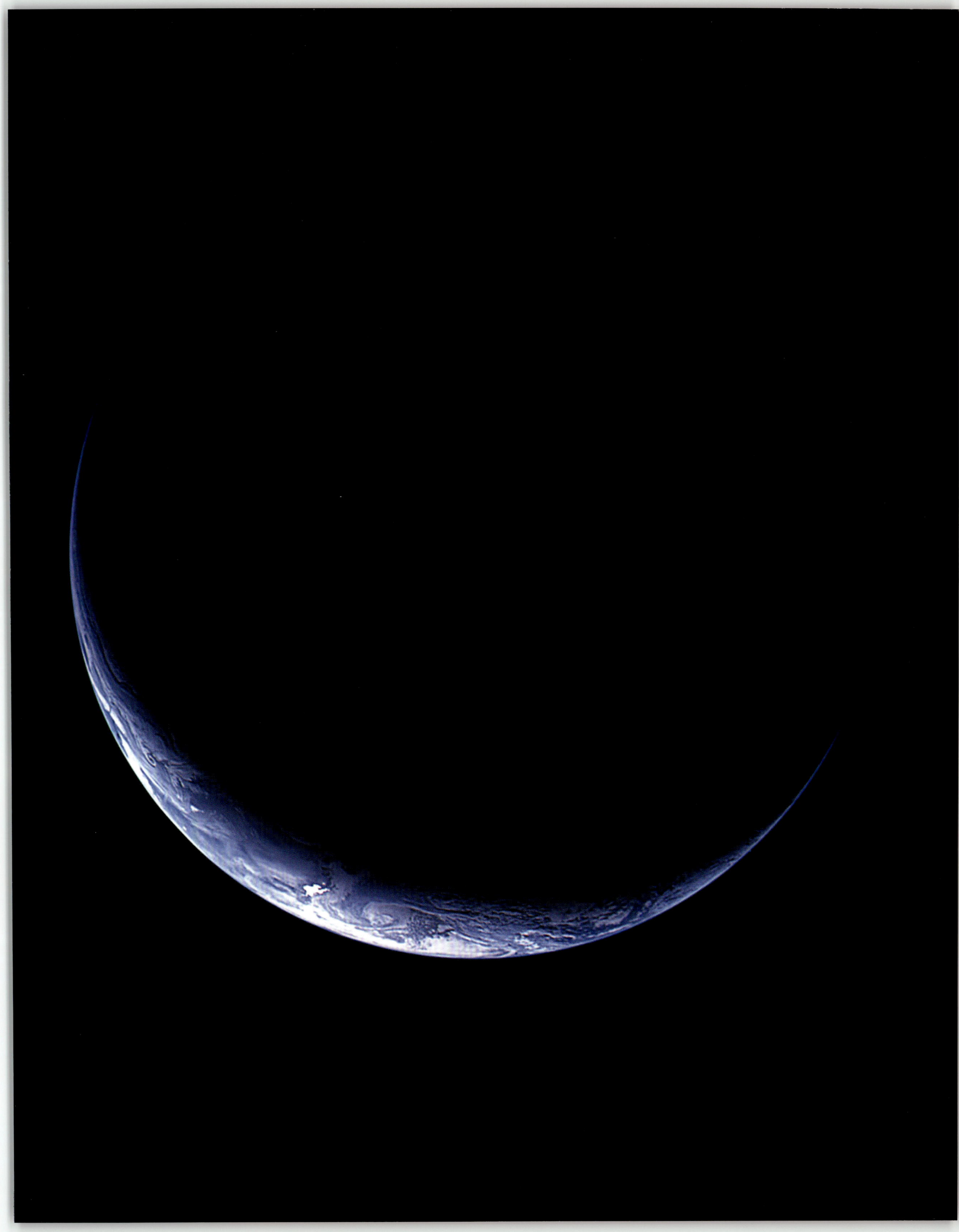

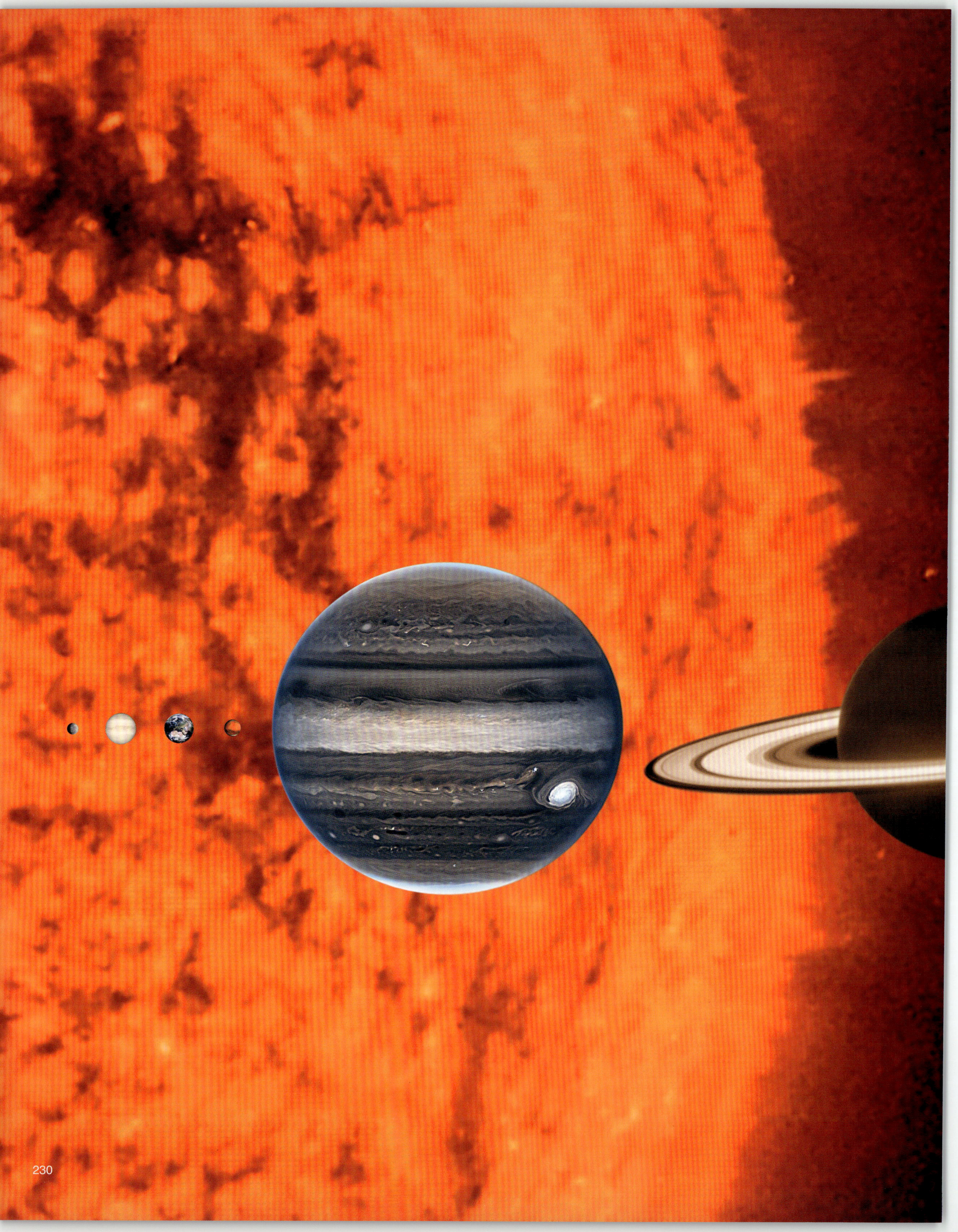

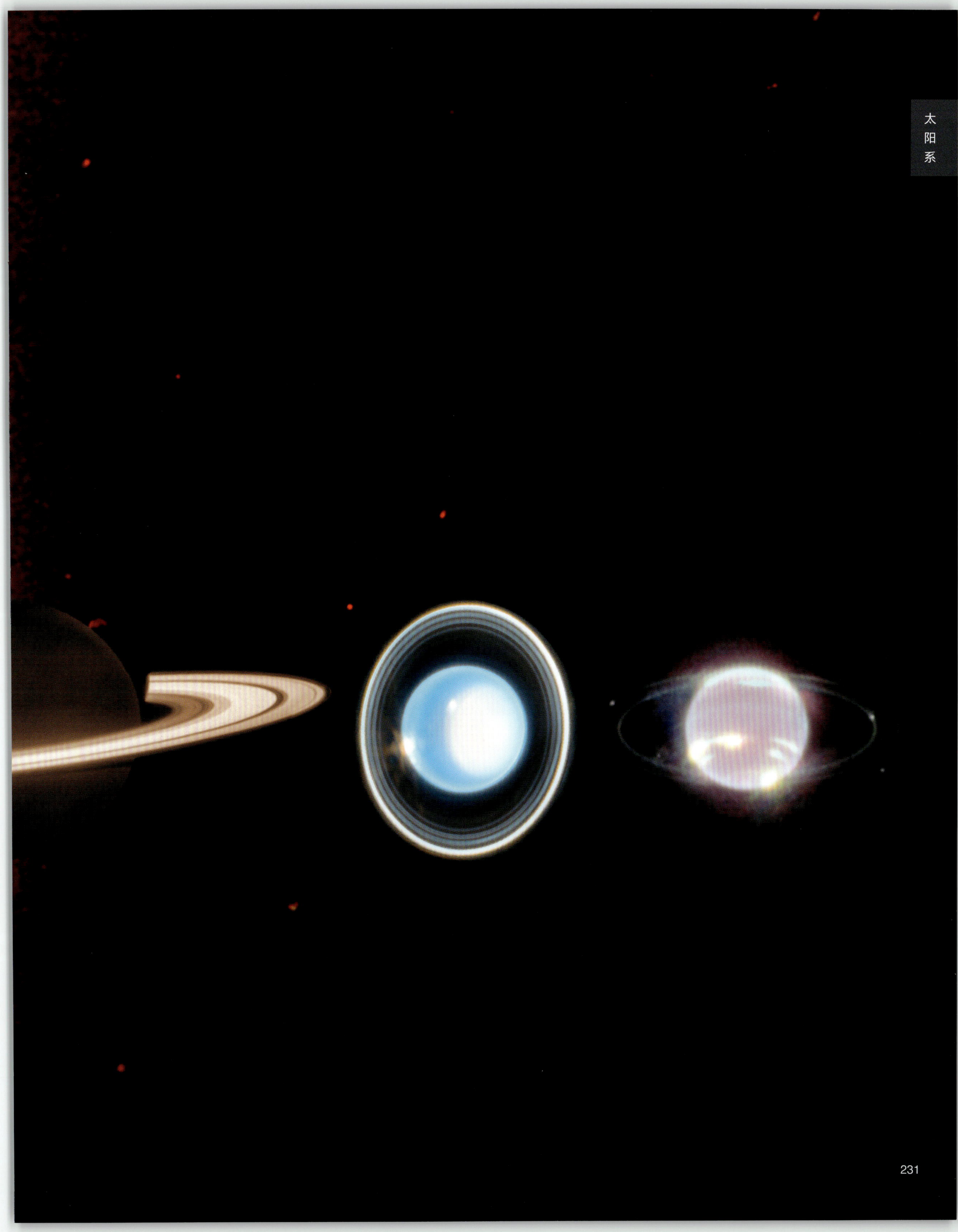

观测遥远的世界

仅仅几个世纪前，我们还以为地球是一颗特殊的行星，可能还是独一无二的，我们以为可能永远无法真正了解它的历史。

然而，自从牛顿为我们指引了方向——他的万有引力定律向我们展示了宇宙法则并非遥不可及，我们不仅开始揭示地球的历史，也在探索整个宇宙的历史。通过解读穿越时间与空间、从四面八方来到我们身边的信号，我们如今甚至不必真的去穿越与其他世界之间的巨大鸿沟，就能游览宇宙。

如你在整个旅程中所见，我们现在已经知道了首批星系、首批星系团，以及首个黑洞诞生的时间。我们知道，尽管我们还不了解它们的本质，但有一种被称为暗物质的东西，对于解释所有这些结构的形成和演化必不可少。

我们还了解了恒星的生命周期，包括那些原始恒星，它们将我们的宇宙从黑暗中解救出来，还有太阳这样的恒星，它们照亮了行星。在一片坍缩成恒星的云中，韦布望远镜甚至观测到了生命化学中失落的一环。

如今，我们已发现超过 5 000 个行星，或者说世界，其中只有 8 个围绕着太阳运转。

它们是太阳系的行星：水星、金星、地球、火星、木星、土星、天王星、海王星。在前两页的图片中，它们正是按照这个顺序排列，并且体积与太阳的比例都是相对准确的。

那些不绕太阳运转的行星被称为系外行星。科学家估计，仅在我们的银河系中就有近 1 万亿颗系外行星。我们已知的 5 000 颗系外行星，大多数与我们的距离只有几千光年。按宇宙的尺度来看，这几乎不算什么，甚至在银河系的尺度上也是如此。然而，对我们来说，这已经非常遥远了。太遥远了，远到我们不敢梦想能够亲自前往，也远到我们无法端详它们的表面。

然而，韦布望远镜在 2022 年 9 月，也就是投入使用两个月后，朝这个方向迈出了第一步。利用四种不同的滤镜直接观测同一颗行星，韦布望远镜重建了右页的这张图像。这是一颗气态巨行星，巨大无比，甚至比木星还大。它与我们的距离有 360 光年，因此即便用望远镜来观测，也还是显得很小。根据目前的理解，它似乎很难支持与地球上已知形式相似的生命体。它名为 HIP 65426b，是一颗系外行星。它的恒星是图中的白色五角星，为防止韦布望远镜受它耀眼光芒的影响，我们把它遮住了，这样就能看到这个遥远的世界了。

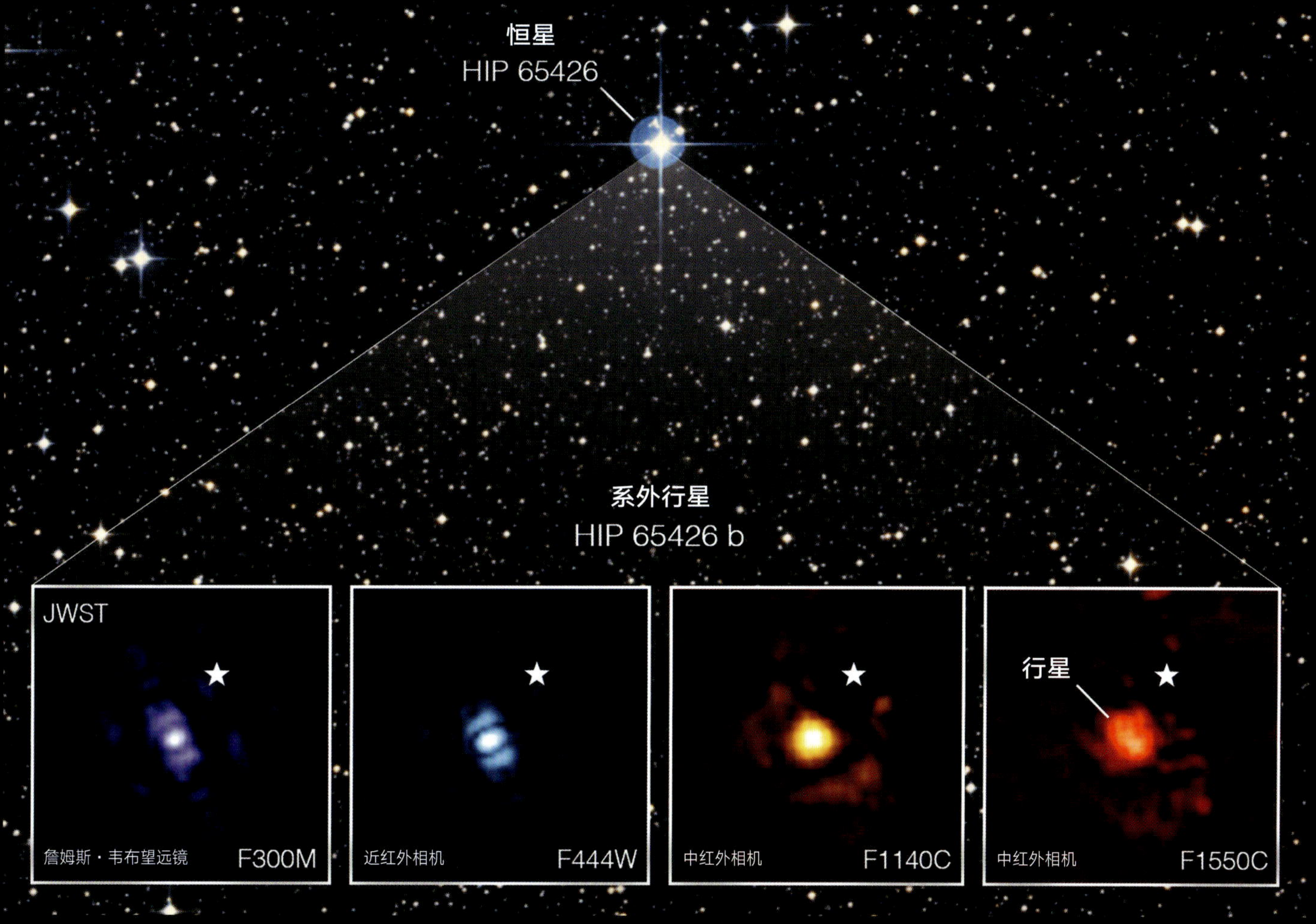
恒星
HIP 65426
系外行星
HIP 65426 b
JWST
詹姆斯·韦布望远镜
F300M
近红外相机
F444W
中红外相机
F1140C
行星
中红外相机
F1550C

如何探测系外行星……

探测系外行星是否存在的主要方法之一是看恒星的亮度是否会降低。这是由一颗或多颗系外行星经过恒星前方时引起的。这种方法叫作“凌日法”。

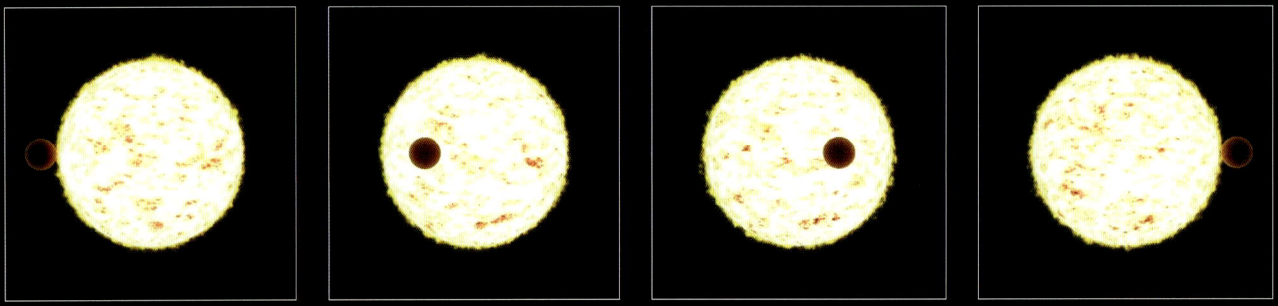

韦布望远镜测量到恒星 Trappist-1 的亮度会降低，这是环绕它的 7 颗系外行星中某一颗经过造成的。这个恒星系统距离我们只有 40.5 光年，是我们最感兴趣的系统之一，主要是因为它里面有一颗行星（Trappist-1c）位于恒星宜居带内，可能存在液态水。下图显示了该行星的凌日情况。直到 2023 年 6 月，科学家都认为它是已知最可能拥有外星生命的候选星球之一。然而，同年发布的一项研究表明，Trappist-1c 很可能没有大气层，这表明，潜在宜居行星的数量可能比我们之前想象得还要少。

如果系外行星拥有大气层，韦布望远镜就有可能检测出大气组成。条件是要让系外行星位于它的恒星与我们之间，就像我们探测 Trappist-1c 时那样。只有在这一短暂的时间范围内，行星的大气层会覆盖到恒星的一小部分。通过分析这些时刻的光谱，就可以确定哪些波长被行星的大气层吸收，从而推断出大气层中含有哪些原子或分子。

系外行星 TRAPPIST-1B

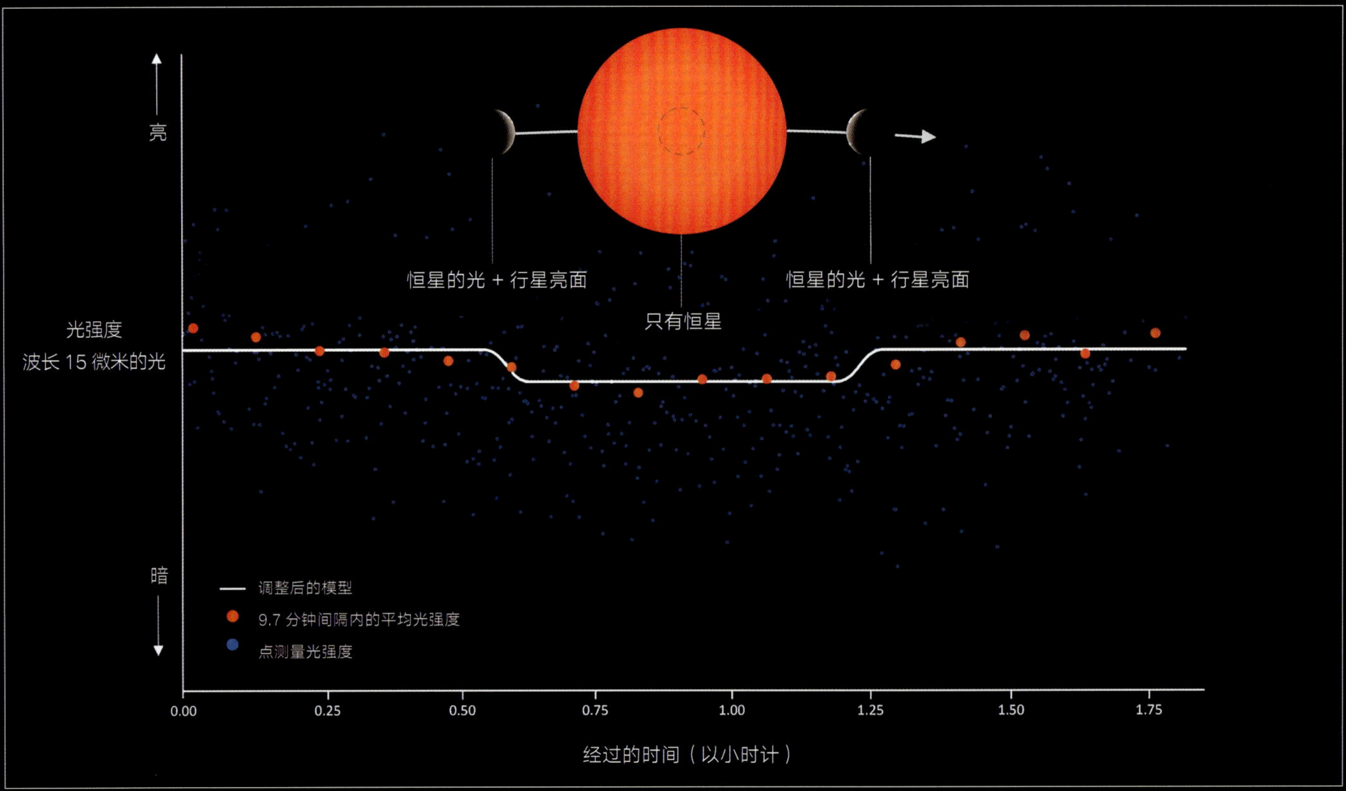

……及其可能孕育的生命

我们分析了距离我们 1 160 光年的系外行星 Wasp-96 b 的大气组成，显示存在水：

系外气态巨行星 Wasp-96b

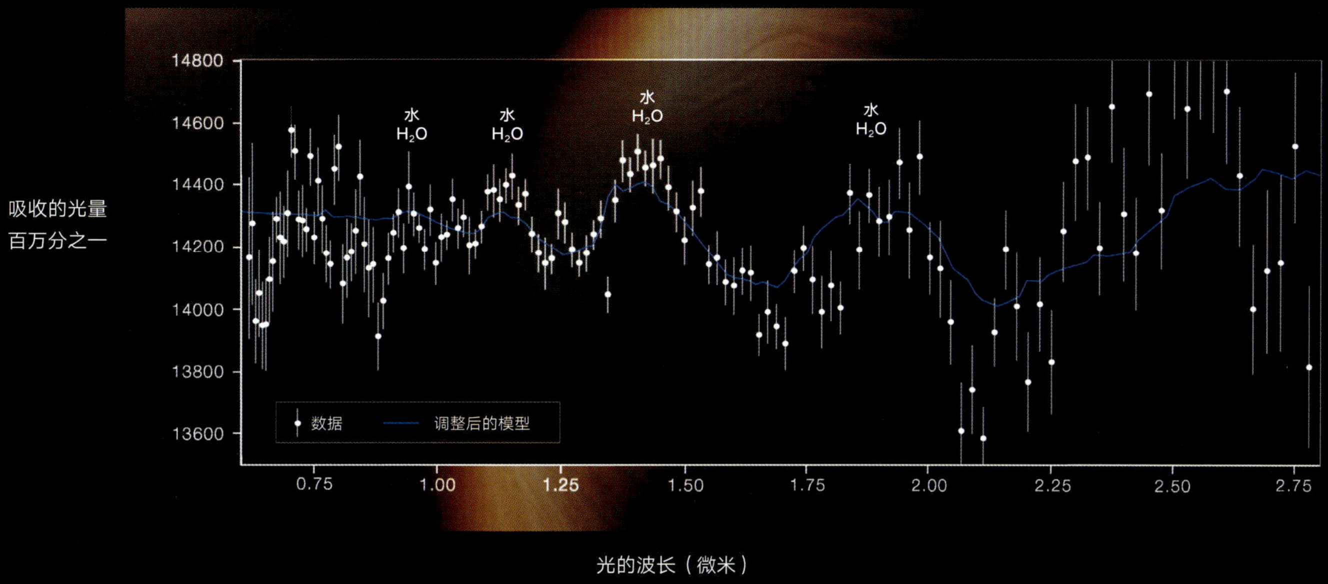

对于距离我们 120 光年的系外行星 K2-18 b，情况则更引人注目。不仅仅是因为它也位于恒星宜居带内（这说明它可能拥有液态水），韦布望远镜还在 2023 年 9 月 11 日发布了一项研究成果，表示检测到它的大气中存在二氧化碳、甲烷和疑似二甲硫醚。最后这种物质在地球上只能由生物体产生……

系外行星 K2-18b

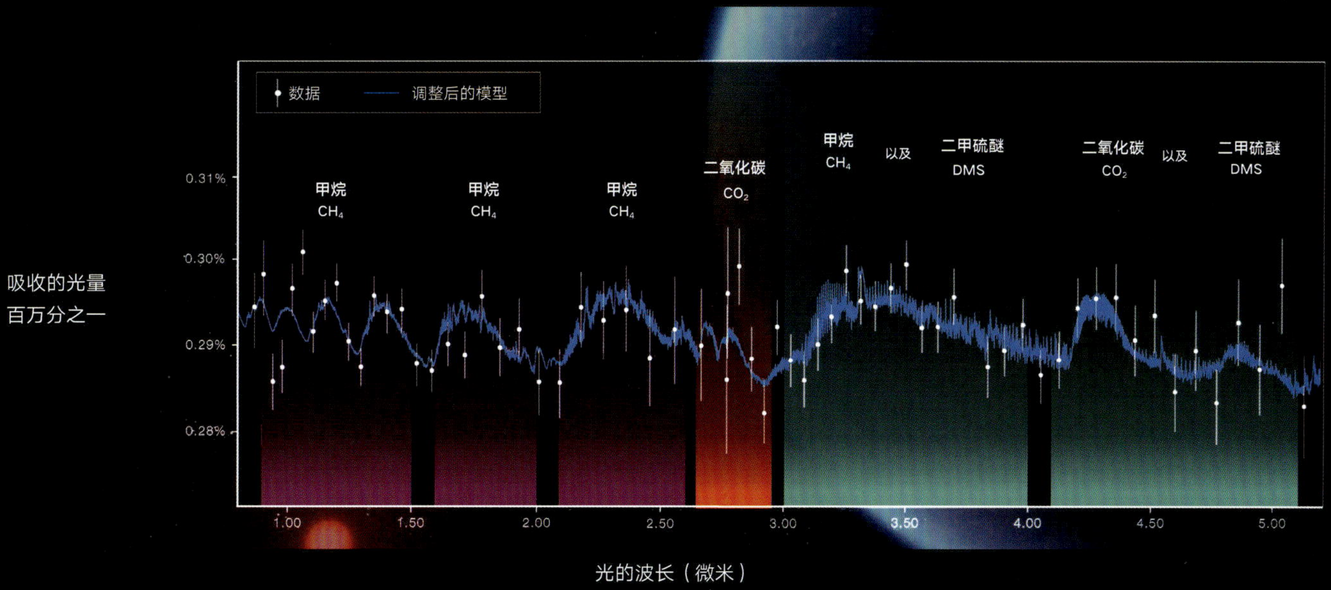

在未来的几年里，对这个行星及其他许多行星的研究可能会给我们带来一些惊喜。

结语

詹姆斯·韦布望远镜

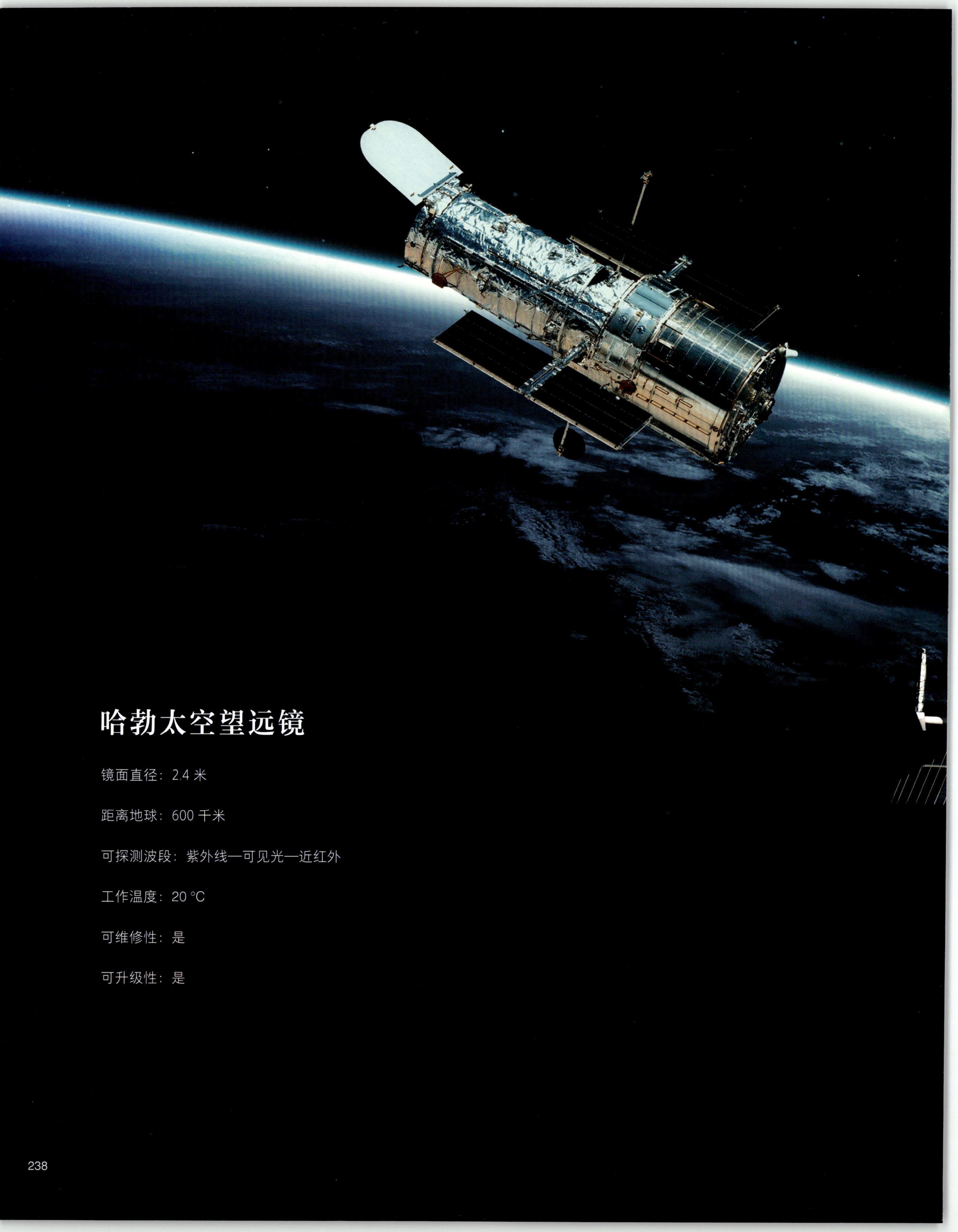

哈勃太空望远镜

镜面直径：2.4 米

距离地球：600 千米

可探测波段：紫外线—可见光—近红外

工作温度：20 °C

可维修性：是

可升级性：是

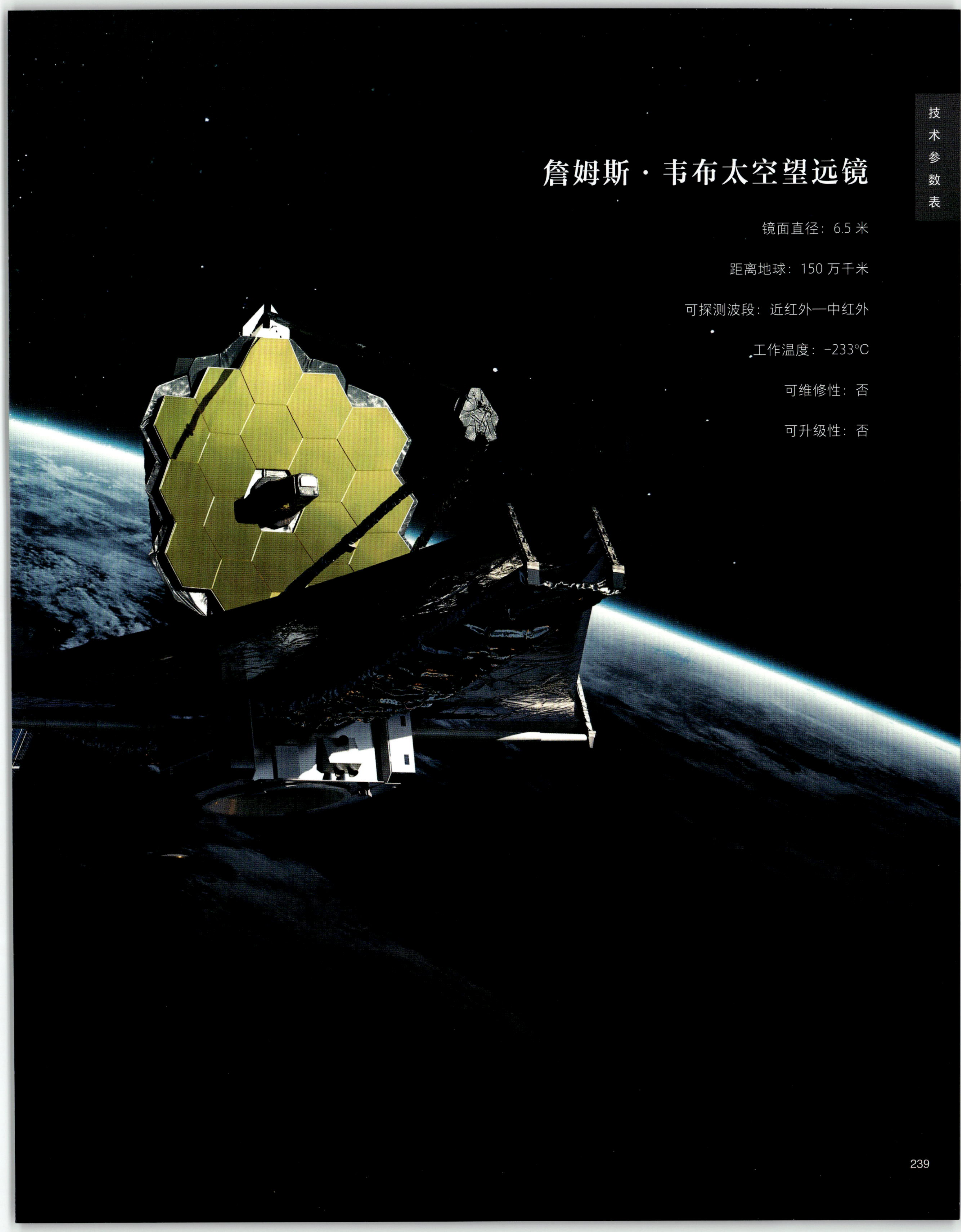

詹姆斯·韦布太空望远镜

镜面直径：6.5 米

距离地球：150 万千米

可探测波段：近红外—中红外

工作温度：−233°C

可维修性：否

可升级性：否

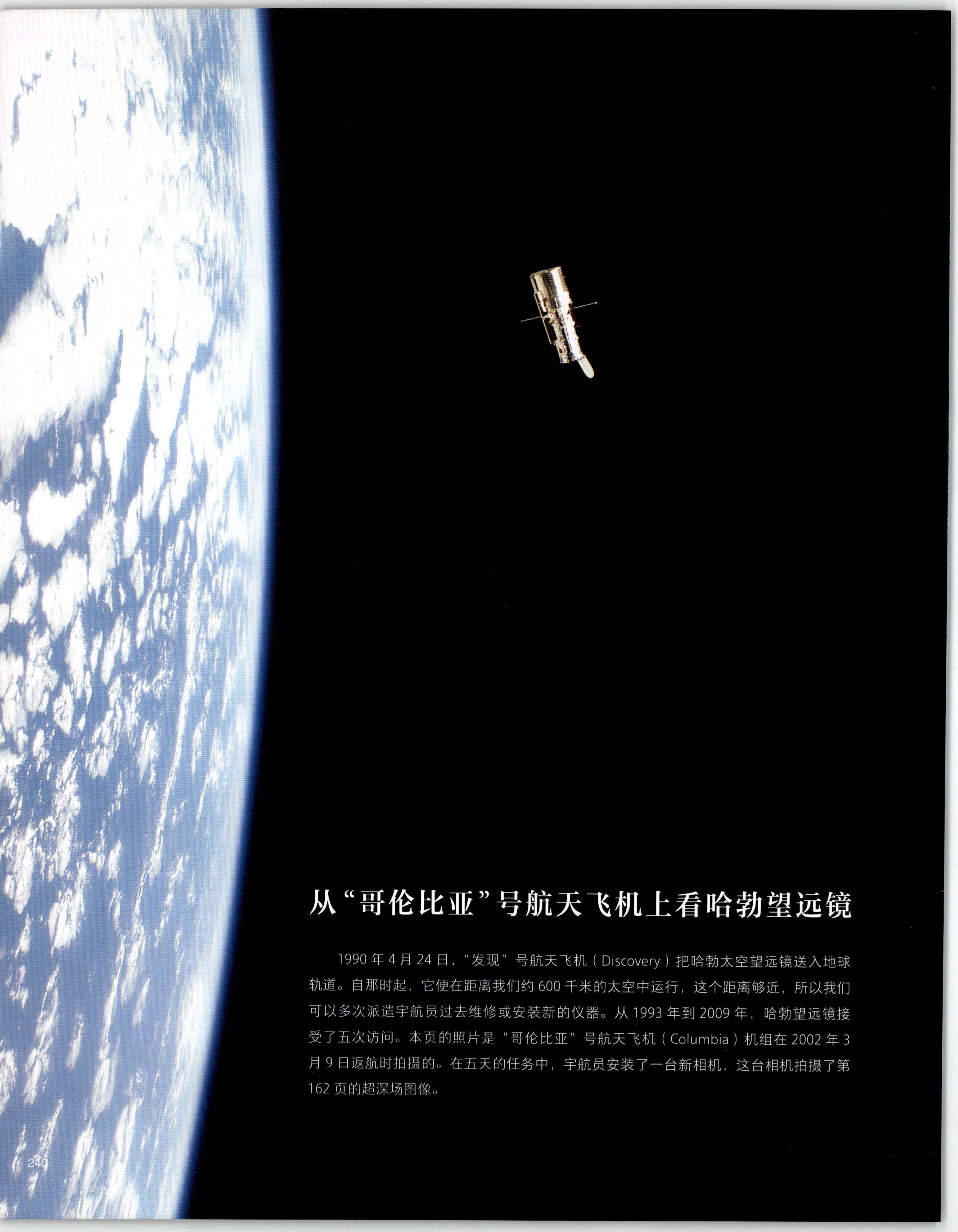

从“哥伦比亚”号航天飞机上看哈勃望远镜

1990 年 4 月 24 日，“发现”号航天飞机（Discovery）把哈勃太空望远镜送入地球轨道。自那时起，它便在距离我们约 600 千米的太空中运行，这个距离够近，所以我们可以多次派遣宇航员过去维修或安装新的仪器。从 1993 年到 2009 年，哈勃望远镜接受了五次访问。本页的照片是“哥伦比亚”号航天飞机（Columbia）机组在 2002 年 3 月 9 日返航时拍摄的。在五天的任务中，宇航员安装了一台新相机，这台相机拍摄了第 162 页的超深场图像。

韦布望远镜和阿丽亚娜 5 型火箭

2021 年 12 月 25 日，韦布太空望远镜搭载阿丽亚娜 5 型火箭（Ariane 5）升空。

进入太空后，韦布望远镜独自旅行了 30 天，最终到达目的地，这个目的地并不是围绕地球的轨道。

为了避免受到地球红外辐射的干扰，韦布望远镜被送到了拉格朗日点。这个位置十分特殊，在这儿，太阳和地球的引力刚好达到平衡，放置在这里的物体可以稳定停留。

韦布望远镜到这里后便展开了主镜，打开了抵御太阳辐射的保护装置。这是一个用七层超薄材料组成的遮阳伞，每层面积都相当于一个网球场。

韦布望远镜的工作温度不能高于 −230℃，所以必须有遮阳伞：遮阳伞可以让太阳辐射强度减少到百万分之一。

太空中的韦布望远镜

太阳周围有五个拉格朗日点（L1 到 L5）。韦布望远镜在第二个点，位于地球背对太阳的那一侧。韦布望远镜并不孤单，它与盖亚卫星和欧几里得卫星同行。普朗克卫星曾经也在这儿，但它已经在 2013 年退役，离开了这片区域，为其他卫星腾出位置，例如欧几里得卫星，它在 2023 年 7 月底到达，它的使命是帮我们解开宇宙中暗物质和暗能量的奥秘。

五个拉格朗日点

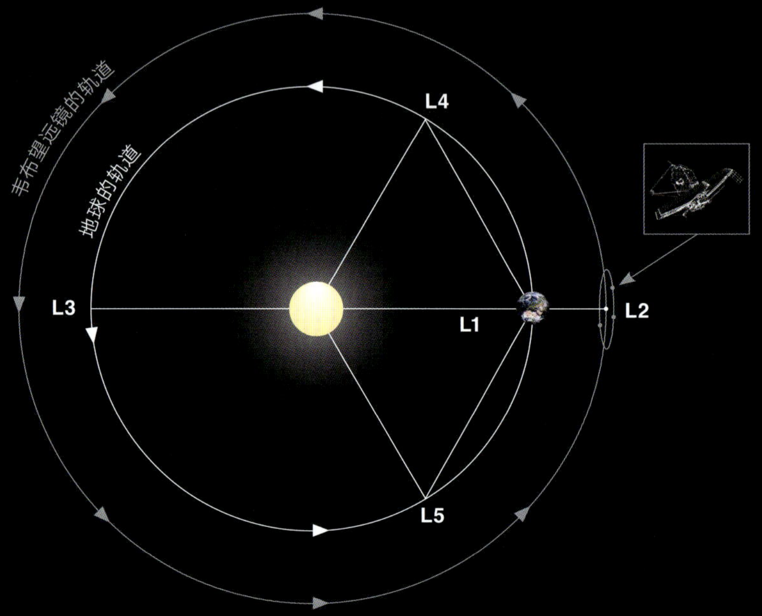

第二拉格朗日点位于距地球约 150 万千米处，这是地月距离的五倍。在这么远的距离上，我们无法进行任何升级或修复工作。因此送入那里的卫星要么正常工作，要么就只能变成宇宙垃圾。截至目前，韦布望远镜运行良好，令人十分满意。

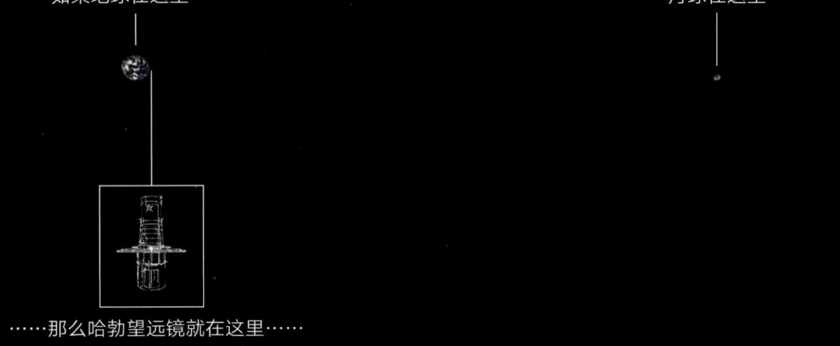

詹姆斯·韦布太空望远镜是美国航空航天局（NASA）、欧洲空间局和加拿大航天局（CSA）的合作成果。位于美国马里兰州的戈达德太空飞行中心负责项目自开始到发射的全部任务，如今由同样位于马里兰州的约翰·霍普金斯大学太空望远镜科学研究所负责运营。

该望远镜以詹姆斯·韦布（James Webb，1906—1992）的名字命名。韦布是 20 世纪 60 年代美国航空航天局的行政主管，负责将阿波罗计划的宇航员送上月球。

从 1995 年到 2023 年，约翰·C. 马瑟担任科学研究负责人，他与另一位同事因研究宇宙微波背景辐射获得了 2006 年诺贝尔物理学奖。

2023 年，美国天体物理学家简·里格比（Jane Rigby）接替了他的职务。

约翰·C. 马瑟

简·里格比

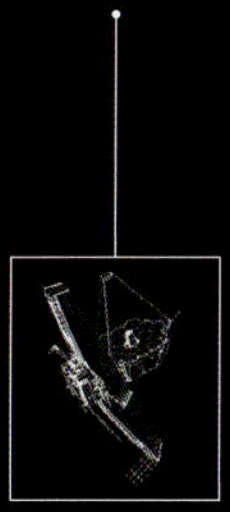

……而韦布望远镜在这里。

找不同，152—153 页

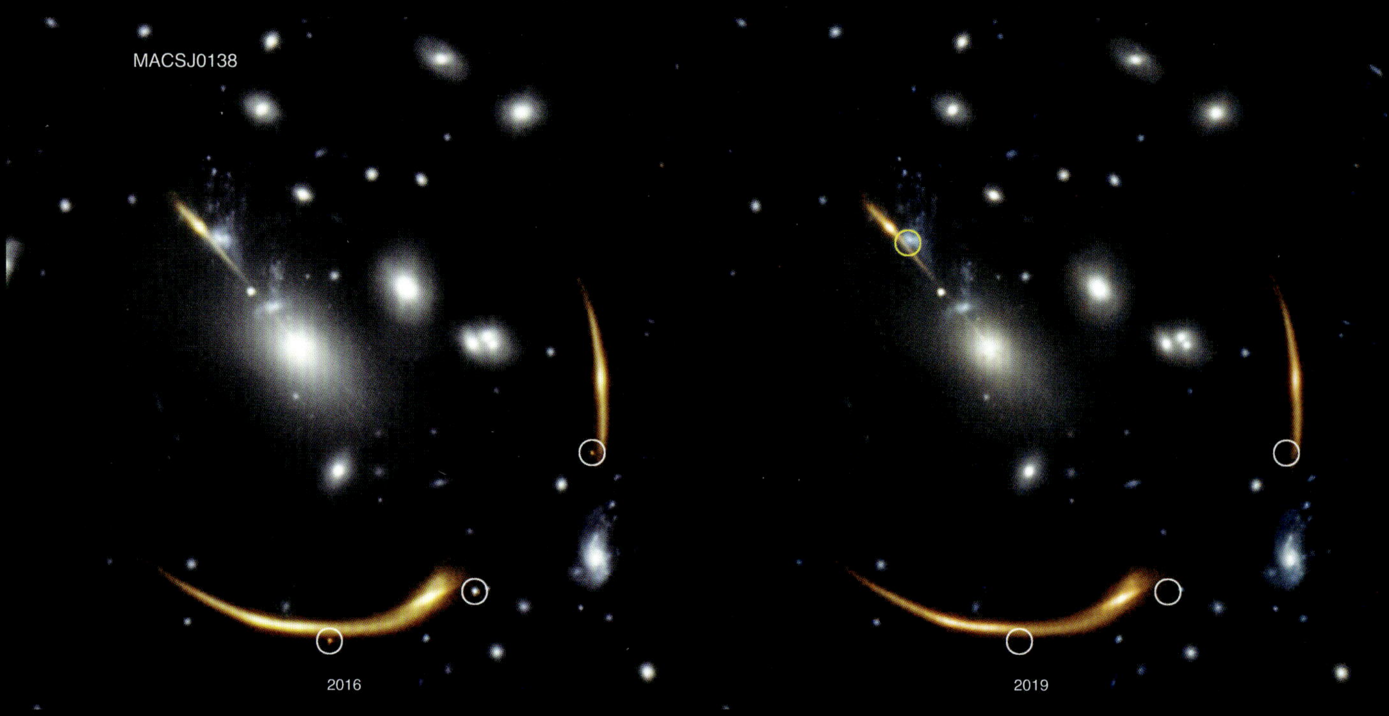

同一颗恒星爆炸的三个影像，已圈出。

2037 年会在第四个圆圈的位置出现第四次爆炸。这里还指出了遥远星系的第四个影像的位置。

三对星系，154—155 页

产生引力透镜的星系团是一些略显白色的朦胧星系。图中圈出了被引力透镜扭曲的一对星系的三个图像。

中间的图像中有一个令人意外的惊喜：一颗名为 AT 2022riv 的恒星爆发。

如果没有引力透镜，我们几乎不可能看到它。它可能是一种 Ia 型超新星，这是最猛烈的恒星爆发之一。

请注意，这颗超新星在另外两幅图像中没有出现，这说明它的光线通过不同路径传到我们这里，走过的距离不同。底部和顶部的两幅图展示了同一对星系在其他时间段的样子。在这两张图里，超新星爆发已经熄灭了。我们很幸运能看到它一次，如果我们现在再拍一张照片，那么三个图像里都看不到它了。

船底座的细节，204—205 页

1. 船底座 η：在上面的哈勃望远镜图片上几乎看不到它。这是一颗巨大的恒星，距离我们约 7 660 光年，即将爆炸。它的两个叶状结构是 1841 年我们的祖先用裸眼观测到的一次爆炸的结果。
2. 上帝之指（没错，这个星云就是叫这个名字）。
3. 阻挡新生恒星星风的云层。
4. 神秘山星云。

十个小星系，182—183 页

只有八个圆圈，因为其中两个里面各含两个星系。

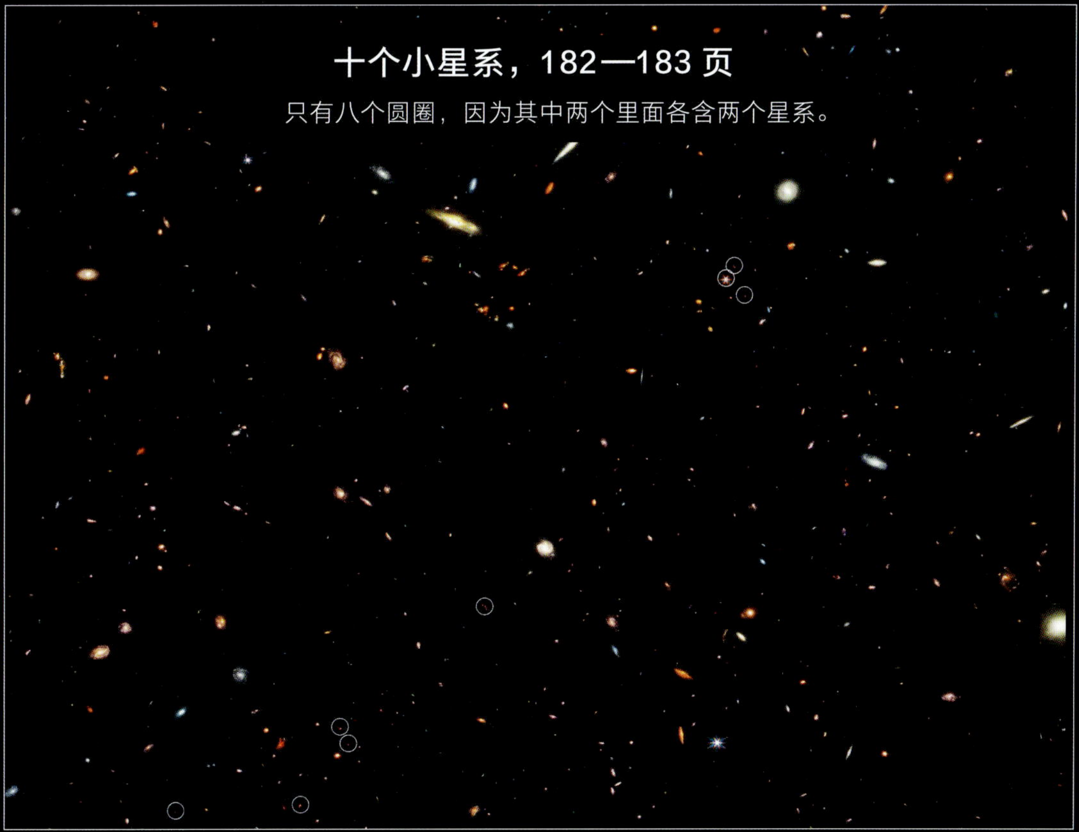

最后，这里是光年的定义！光年是长度单位。它是光在一年中传播的距离，大约为 94 607 亿千米。

致谢

这些年来，我每个月都会在巴黎电影院举办公众讲座，用图像和小视频讲述人类科学的最新进展。2023 年春天的一个早晨，我和埃尔莎 · 拉丰（Elsa Lafon）站在巴黎的街角，她问我是否愿意写一本关于詹姆斯 · 韦布望远镜的精美图像的书，于是一切都变了。我想象自己坐在一个座无虚席的大厅里，大人和孩子们都仰望天幕，想象着我们当今非凡的望远镜所揭示的壮丽景象。我想在思想中进行一次旅行，去探索那些我们之前从未见过的事物。

非常感谢埃尔莎向我提出这样的愿景，并介绍了埃米利安 · 卡斯坦（Émilien Castaing）和玛丽昂 · 古阿泽（Marion Gouazé）这两位出色的平面设计师，他们为我提供了无价的帮助，让我有机会将这一愿景化为现实，写成此书。

非常感谢阿曼达 · 梅弗雷（Amanda Meiffret）和迈埃尔 · 迈涅（Maëlle Maigne）在整个编辑过程中的支持，版面有限，时间紧张，但她们始终笑脸相迎。

感谢欧洲空间局和美国航空航天局，感谢全球所有天文学家，为我们提供精彩的图像，造福全人类。

特别感谢戴维 · 埃尔瓦斯耐心而友善地帮我纠正了文本中的所有错误！亲爱的读者们，我强烈推荐他在 2021 年由奥迪勒 · 雅各布出版社（Odile Jacob）出版的著作《来自光的最美诡计》（*La plus belle ruse de la Lumière*）。

还有许多细小却不可或缺的部分，感谢米歇尔 · 拉丰出版社（Michel Lafon）的所有工作人员：克里斯蒂安 · 托安宁（Christian Toanen）和尼古拉 · 萨维克（Nikola Savic），芭芭拉 · 皮雷（Barbara Piley），弗雷德里克 · 居约马尔（Frédéric Guyomard），安妮 · 普罗丘勒（Anne Procureur）和朱丽叶 · 莱克林（Juliette Recolin），还有尚塔尔 · 尼古拉（Chantal Nicolas）和埃莱奥诺尔 · 蒙贾（Éléonore Mongiat），感谢你们所有的修改建议！

最后，感谢玛加丽塔（Margareta）、埃里克（Eric）、尼古拉（Nicolas）、布里盖特（Brigette）、吉尔（Gil）、劳伦（Lauren）、马里于斯（Marius）和奥诺雷（Honoré），衷心感谢你们一直以来在星辰之路上给予我的所有帮助。

www.christophegalfard.com

想进一步了解关于詹姆斯 · 韦布望远镜的最新出版物，请访问欧洲空间局网站，每次有新出版物都会在此更新（英文网站）：

这张图片是 2023 年 9 月 14 日韦布望远镜发布的，
展示的是一颗正在诞生的恒星（在暗星云的遮挡之下）。

图片来源

NASA, ESA, CSA : M. Matsuura, R. Arendt, C. Fransson : p. 43 (右上) ; J. Lee and the PHANGS-JWST and PHANGS-HST Teams p. 72-73 ; J. Lee and the PHANGS-JWST Team : p. 76-77 ; A. Adamo & the FEAST JWST team : p. 82-83 ; J. Lee & A. Pagan : p. 89 ; L. Armus & A. S. Evans : p. 94-95, p. 111 ; L. Armus, N. Bartmann : p. 104 ; M. Zamani : p. 135 (上) ; J. Spilker/S. Doyle : p. 148-149 ; P. Kelly : p. 154-155 ; T. Morishita & A. Pagan : p. 181 ; Feige Wang & J. DePasquale : p. 182 ; I. Labbe & R. Bezanson : p. 185 ; Simon Lilly, Daichi Kashino, Jorryt Matthee, Christina Eilers, Rob Simcoe, Rongmon Bordoloi, Ruari Mackenzie : p. 186-187 ; M. Barlow, N. Cox, R. Wesson : p. 198-199 ; M. Zamani & PDRs4ALL ERS Team : p. 226-227 ; Jupiter ERS Team : p. 230 (中) ; A Carter, the ERS 1386 team & A. Pagan : p. 233 ; J. Olmsted : p.234 (下).

NASA, ESA : K. France : P. Challis & R. Kirshner : p. 43 (左上) ; © J. Dalcanton, B.F. Williams, L.C. Johnson, the PHAT team & R. Gendler : p. 58-59 ; M. Durbin, J. Dalcanton, B. F. Williams : p. 62-63 ; © Hui Yang : p. 64 ; R. Chandar : p. 74-75 ; S. Beckwith and the Hubble Heritage Team : p. 80-81, p. 207, p. 211 ; p. 86 ; A. Evans, R. Chandar : p. 92-93 ; Hubble SM4 ERO Team : p. 96 ; Digitized Sky Survey 2 : p. 102 ; p. 103 ; p. 107 ; p. 108 ; A. Evans p. 110 ; P. van Dokkum : p. 122-123 ; p. 146 (右下) ; Suyu et al. : p. 147 ; S. Jha : p. 151 ; p. 152-153 ; N. Smith ; p. 218 ; M. Robberto : p. 225.

NASA, ESA, CSA, STScI : Webb ERO Production Team : p. 38-39 ; p. 41 ; L. Frattare, J. Major, and K. Arcand : p. 51 ; Kristen McQuinn : p. 66-67 ; p. 98 ; p. 100-101 ; K. Pontoppidan, A. Pagan : p. 120, p. 222-223 ; p. 168 ; M. Zamani, Leah Hustak : p. 174-175, p. 178-179 ; Alyssa Pagan : p. 176-177 ; p. 197 (下) ; p. 208 ; p. 213-214 ; p. 216-217 ; Matthew Tiscareno, Matthew Hedman, Maryame El Moutamid, Mark Showalter, Leigh Fletcher, Heidi Hammel : p. 230-231 ; p. 231 (右中).

NASA, ESA, STScI : p. 13 (下) ; © E. Sabbi : p. 36-37; AURA : p. 42, p. 197 (上) ; p. 44-45 ; © JPL-Caltech : p. 46 ; © A. Pagan : p. 48-49 ; © A. Nota : p. 50 ; p. 84-85 ; Z. Levay and R. van der Marel, T. Hallas & A. Mellinger p. 113-119 ; Robert Williams : p. 158, 160 ; S. Beckwith & the HUDF Team : p. 162-163 ; P. Oesch, G. Brammer, P. van Dokkum & G. Illingworth : p. 172-173

ESO : S. Brunier : p. 26-27, 32-33, 52-53, 127 ; © Y. Beletsky : p. 30-31 ; © Robert Gendler : p. 34-35 ; L. Calçada : p. 43 (下) ; p. 60-61 ; VST/Omegacam Local Group Survey : p. 66-67 ; PESSTO/S. Smartt : p. 78 (右) ; F. Courbin : p. 146 (左下) ; p. 202-203 ; Yovin Yahathugoda : p. 206 ; A. Müller : p. 221.

Wikimedia commons : p. 9 (右) ; FF-UK : p. 10 ; Nick Risinger : p. 28-29 ; Jean-Pierre Luminet : p. 87 (左下) ; Judy Schmidt : p. 88 ; p. 138 ; Arthur Eddington : p. 145 ; Harel Boren : p. 200-201 ; Mouser : p. 224

Shutterstock : tina7si : p. 13 (上) ; Vadim Sadovski : p. 20-21 ; Franck Fichtmueller : p. 68-69 ; p. 192-193 ; p. 238-239

NASA : CXC/Univ. Observ. Munich/T. Preibisch : p. 209 ; p. 234 (上) ; Bill Ingalls : p. 237 ; p. 240 ; Chris Gunn : p. 243 (左) ; Britt Griswold & Jay Friedlander : p. 243 (右).

Alamy : p. 8 ; p. 9 ; p. 134 ; p. 137 ; p. 141.

X-ray : Chandra : NASA/CXC/SAO, XMM: ESA/XMM-Newton; IR: JWST : NASA/ESA/CSA/STScI, Spitzer : NASA/JPL/CalTech ; Optical : Hubble : NASA/ESA/STScI, ESO; Image Processing : L. Frattare, J. Major, and K. Arcand : p. 51 ; p. 79.

NASA/JPL-Caltech : B.E.K. Sugerman : p. 78 (左) ; p. 217 (右).

EHT Collaboration : p. 87 (上) ; p. 127.

© Gianni Lacroce / www.flickr.com/photos/194921065@N03 / www.instagram.com/giannilacroce : p. 210-215.

Autres : © Nasim Mansurov : p. 6-7 ; Getty images/© Bulgac : p. 18-19 ; © Christophe Galfard : p. 22-23 ; © David Billings : p. 24-25 ; ESA/Gaia/DPAC ; S. Jordan, T. Sagristà, X. Luri : p. 47 (上) ; X-ray: NASA/CXC/CfA/E. O'Sullivan : p. 97 ; NASA, ESA, ESO, D. Coe & J. Merten : p. 184 ; ESA and the Planck Collaboration : p. 166 ; Caltech/R. Hurt (IPAC) : p. 130-131 ; ESA/MPS for OSIRIS Team : p. 129 ; N.A. Sharp/KPNO/NOIRLab/NSO/NSF/AURA : p. 16-17 ; ESA/D. Ducros : p. 241 ; © Volker Springel (Max Planck Institute for Astrophysics) et al. : p. 156-157 ; © Émilien Castaing : p. 14 ; p. 47 ; p. 142 ; p. 167 ; p. 188-189 ; p. 190-191 ; © Émilien Castaing & Andrew Z. Colvin : p. 55 ; p. 65 ; p. 70-71 ; R.-S. Lu, E. Ros, S. Dagnello : p. 87 (右下) ; p. 90-91 ; p. 161 ; © Émilien Castaing & R. N. Bailey : p. 196 ; © R. Gendler : p. 56-57 ; © Pablo Carlos Budassi : p. 195 ; ALMA (NRAO/ESO/NAOJ); C. Brogan, B. Saxton (NRAO/AUI/NSF) : p. 219 ; ALMA (ESO/NAOJ/NRAO), S. Andrews et al.; NRAO/AUI/NSF, S. Dagnello : p. 220

图书在版编目（CIP）数据

无限之旅 / (法) 克里斯托弗·加尔法德著 ; 刘晗译. -- 海口 : 南海出版公司, 2025. 8. -- ISBN 978-7-5735-1172-0

Ⅰ. P159-49

中国国家版本馆CIP数据核字第202504K9W2号

著作权合同登记号　图字：30—2025—043

无限之旅

〔法〕克里斯托弗·加尔法德 著
刘晗 译

出　版　南海出版公司　(0898)66568511
　　　　海口市海秀中路51号星华大厦五楼　邮编 570206
发　行　新经典发行有限公司
　　　　电话(010)68423599　邮箱 editor@readinglife.com
经　销　新华书店

责任编辑　孙　腾
特邀编辑　张沁萌　王雅观
营销编辑　游艳青　宋　敏
装帧设计　ARUI
内文制作　田小波

印　刷　北京奇良海德印刷股份有限公司
开　本　787毫米×1092毫米　1/16
印　张　15.5
字　数　140千
版　次　2025年8月第1版
印　次　2025年8月第1次印刷
书　号　ISBN 978-7-5735-1172-0
定　价　169.00元